Beiträge zur Kenntnis der Amylase in grünen Pflanzen

Inauguraldissertation
zur Erlangung der Doktorwürde
der Mathematisch = Naturwissenschaftlichen Fakultät
der Hochschule zu Stockholm

vorgelegt von

Knut Sjöberg
lic. phil.

Die Verteidigung wird am 25. November 1922
10 Uhr vormittags im Hörsaale Nr. 1 stattfinden

Sonderdruck aus der Biochemischen Zeitschrift
Band 133, Heft 1/3

Springer-Verlag Berlin Heidelberg GmbH 1922

ISBN 978-3-662-24474-6   ISBN 978-3-662-26618-2 (eBook)
DOI 10.1007/978-3-662-26618-2

I. Über die Bildung und das Verhalten der Amylase in lebenden Pflanzen.

Mit 12 Abbildungen im Text.

Inhalt.

1. Einleitung.

Die vorliegende Arbeit soll ein Beitrag zur Kenntnis der stärkespaltenden Enzyme in höher entwickelten Pflanzen sein. Zwar entdeckten *Payen* und *Persoz*[1]) vor ungefähr 100 Jahren und ziemlich zur selben Zeit auch *Saussure* ein zuckerbildendes Enzym in Malz; es dauerte jedoch sehr lange, ehe man fand, daß auch andere Pflanzenteile als Samen solche Enzyme enthalten. Amylase in Malz und anderen keimenden Getreidekörnern sind gleichfalls Gegenstand einer Reihe

---

[1]) *Payen* und *Persoz*, Ann. de Chim. et Phys. **53**, 73, 1833.

mehr oder weniger umfangreicher Untersuchungen gewesen. Unsere Kenntnis der Amylase in anderen Pflanzen und Pflanzenteilen, was sowohl deren Wirkung wie auch die Voraussetzungen für ihre Bildung und Variation innerhalb der lebenden Pflanze anbetrifft, ist jedoch sehr mangelhaft. Untersuchungen über die quantitative Feststellung der Enzymmenge per Zelle oder Gramm Trockengewicht und die quantitative Veränderung der Enzymmenge wurden bisher nur mit niedrig entwickelten Organismen ausgeführt. Solche Untersuchungen sind in dem hiesigen Laboratorium mit Hefe[1][2], Schimmelpilzen[3][4] und Algen[5] angestellt worden. Es erschien mir deshalb zweckmäßig, solche Feststellungen auch bei höher entwickelten Pflanzen zu machen. In dieser Arbeit werden Amylasen behandelt, unter welcher Bezeichnung die Zusammenfassung der Enzyme zu verstehen ist, welche zur Spaltung von Stärke zu niedrigeren Kohlehydraten, Maltose und eventuell Glykose beitragen. Der erste Teil dieser Arbeit behandelt das Verhältnis der Amylase innerhalb der lebenden Pflanzen in Hinblick auf sowohl deren Bildung sowie Veränderung unter verschiedenen Voraussetzungen. Im zweiten Teil ist ein Vergleich zwischen einer früher nicht näher untersuchten Pflanzenamylase und der Malzamylase betreffend ihrer Temperaturempfindlichkeiten angestellt worden.

2. Frühere Arbeiten und Beobachtungen.

Von älteren Arbeiten über stärkespaltende Enzyme in Blättern und anderen Teilen höher entwickelter Pflanzen seien hier nur einige der wichtigsten genannt. Es war *Kosmann*[6], welcher entdeckte, daß Blätter einen Stoff enthalten, welcher auf die Stärke umbildend einwirkt. Er extrahierte sowohl frische wie getrocknete Blätter mit Wasser und fällte den Extrakt mit Alkohol aus. Die Fällung spaltete darauf in Wasserlösung sowohl Stärke wie Saccharose und Salicin und enthielt somit mehrere Enzyme. *Baranetzky* gab 1878 eine Arbeit über „Die stärkeumbildenden Fermente in den Pflanzen" heraus. Er glaubte jedoch zu finden, daß Wasserextrakt von Blättern die Stärke nicht unmittelbar spaltete, sondern erst nach Verlauf von mehreren Tagen. *Brasse*[7] erbrachte vollgültige Beweise für die Existenz von Diastase in Blättern.

Die ersten größeren, mehr quantitativ vergleichenden Untersuchungen auf diesem Gebiete wurden von *Brown* und *Morris*[8] ausgeführt. Sie verfolgten mikroskopisch das Keimen von Roggen. Auf Grund ihrer Beob-

---

[1] *Euler* und *Johansson*, Svenska Vet. Akad. Arkiv f. Kemi 4, Nr. 23, 1911.

[2] *Euler* und *Svanberg*, Zeitschr. f. physiol. Chem. **106**, 201, 1919.

[3] *Euler* und *Asarnoj*, Fermentf. **3**, 318, 1920.

[4] *Euler*, Fermentf. **4**, 242, 1921.

[5] *Sjöberg*, Fermentf. **4**, 97, 1920.

[6] *Kosmann*, Bull. de la soc. chem. de Paris 1877, S. 231.

[7] *Brasse*, C. r. **99**, 878, 1884.

[8] *Brown* und *Morris*, Journ. Chem. Soc. **57**, 458, 1890.

achtungen unterschieden sie zwischen zwei Diastasen, und zwar: Sekretions-
diastase, die beim Keimen auf Kosten des Protoplasmas und der Zellkerne
entsteht und Translokationsdiastase, die sich in allen Blättern und vegeta-
bilischen Organen vorfindet. *Wortmann*[1]) fand, daß alle Samen Diastase
enthalten, stärkefreie jedoch nur wenig. Bei der Keimung vermehrt sich
die Diastasemenge bedeutend. Die Blätter wurden auf folgende Weise
untersucht: Die gesammelten Blätter wurden fein zerschnitten, dann
mit etwas Wasser im Mörser fein zerrieben und darauf mit etwa gleichem
Volumen Wassers extrahiert, die Auszüge filtriert und direkt verwendet.
Wortmann fand jedoch, daß diese Extrakte keine Diastasewirkung hatten.
Hieraus zog er folgenden Schlußsatz: „Wir müssen hiernach annehmen,
daß die Auflösung der Stärke in den Blättern vom Protoplasma direkt
besorgt wird und daß keine oder nicht genügend Mittel vorhanden sind,
um die Blattstärke unabhängig vom Protoplasma in den Blattzellen in
Lösung zu bringen." Zu demselben Resultat kam *Vines*[2]). *Brown* und
Morris[3]) waren, wie gesagt, die ersten, welche versuchten, die Diastasemenge in verschiedenen Pflanzen und zu verschiedenen Zeiten quantitativ
zu vergleichen. Im Gegensatz zu *Wortmanns* Annahme sagen sie: „So
far from leaves containing, as a rule, little or no diastase, we heve never
found a single case, where diastase was not present in sufficient quantity
to transform far more starch than the leaf can ever contain at any time".
Wortmanns Resultat war darauf zurückzuführen, daß Gerbstoffe, besonders
Tannin, die Diastasewirkung verhinderten. Die Blätter müssen zuerst
bei 30 bis 35⁰ getrocknet werden. Behandelt man die Blätter sofort nach
dem Pflücken mit Chloroformdampf, können sie ohne Veränderung der
Amylasewirkung nachher getrocknet werden. Ferner müssen die fein
pulverisierten Blätter bei der Ausführung der Reaktion zugegen sein, da
nicht alle Amylase in den Wasserextrakt übergehen. Als Maßstab für die
Amylasewirkung geben sie an: „The number of grams of maltose which
the diastase of 10 grams of leaves is able to produce from soluble-starch
by hydrolysis in 48 hours, at a temperature of 30⁰". Sie haben auf diese
Weise die Amylasewirkung in den Blättern einer Reihe von Pflanzen verschiedener Gattungen bestimmt. Besonders reich an Enzymen erwiesen
sich Leguminosae, vor allem die Gattungen Phaseolus und Pisum. Ferner
untersuchten sie die Amylasewirkung bei einigen Pflanzen zu verschiedenen
Tageszeiten. Während der Nacht erhöhte sich dieselbe, um dann im Laufe
des Tages wieder zu sinken. Ebenso erhöhte sich die Enzymwirkung bei
abgepflückten Blättern, wenn dieselben im Dunkeln lagen. Die Verfasser
meinten, daß dies darauf beruhe, daß das Enzym in dem Maße verbraucht
wird, in welchem es Stärke hydrolysiert. Am Tage, wo die Stärkemenge
groß ist, wird darum mehr als während der Nacht und im Dunkeln verbraucht, wo nicht viel Stärke umzubilden ist. *Brown* und *Morris* untersuchten auch im Zusammenhang hiermit die Veränderung der Stärke-
und Zuckermenge in Blättern während des Verlaufs eines Tages. *Hansteen*[4])
fand, daß sich in den Schildchen von Gras während der Keimung Amylase
bildet. *Grüss*[5]) hat die Frage betreffend das Verhalten des diastasischen

---

[1]) *Wortmann*, Bot. Zeitung **48**, Nr. 37 u. f., 1890.
[2]) *Vines*, Brit. Assoc. Report 1891, S. 679.
[3]) *Brown* und *Morris*, Journ. Chem. Soc. **63**, 604, 1893.
[4]) *Hansteen*, Flora **79**, 419, 1894.
[5]) *Grüss*, Pringsheims Jahrb. f. wiss. Bot. **26**, 379, 1894.

Enzyms in Keimpflanzen behandelt. Er extrahierte Pflanzenteile mit Glycerin und untersuchte darauf den Glycerinextrakt. Er diskutierte das Vermögen der Diastase, durch die Zellwände zu diffundieren, und kam zu dem Resultat, daß es zwei Enzyme gibt, von welchen das eine leicht durch die Wände der Zelle dringen kann, ohne sie zu zerstören, während das andere die Zellwände nur mit Schwierigkeit durchdringen kann und dieselben gleichzeitig zerstört. Interessant sind seine Untersuchungen mit Keimpflanzen von Phaseolus multiflorus. Er bestimmte die Diastasemenge in verschiedenen Teilen der Pflanze und fand, daß dieselbe am größten in der Spitze ist, sich nach den Kotelydonen zu vermindert, wo sie wieder groß ist. sich dann im Stiele verringert und in der Wurzel ganz verschwindet. Die Enzymwirkung steigt in den verschiedenen Teilen während des Keimens und der Entwicklung der Pflanze, bis dieselbe ein bestimmtes Stadium erreicht hat, worauf sie wieder abnimmt. In einer späteren Arbeit untersuchte *Grüss*[1]) den Inhalt verschiedener Zellen bei Keimpflanzen von Zea Mays auf Diastase und kam zu dem Resultat, daß in allen stärkeführenden Reservebehältern sich der Hauptbildungsherd der Diastase da findet, wo im allgemeinen die Stärke zuerst gelöst werden soll. Von *Linz*[2]) stammt eine Untersuchung betreffend die Verteilung der Amylase in verschiedenen Teilen von Maissamen. Er fand die Diastasewirkung am größten in den Schildchen, und da vor allem in deren Epithel. *Effront*[3]) hat die Amylasebildung bei der Keimung von Getreidekörnern untersucht und dabei gefunden, daß das Verzuckerungs- und das Verkleisterungsvermögen sich nicht parallel entwickeln. Das erstgenannte erreicht schnell einen Höhepunkt und sinkt darauf, während sich das letztere langsamer entwickelt und dann etwas länger auf einem maximalen Werte stehen bleibt. Eine größere Arbeit über die Bildung von Diastase bei Pflanzen ist auch von *Eisenberg*[4]) geliefert worden. Zur Bestimmung der Amylasewirkung trocknete er zuerst das Material bei 42^0, pulverisierte dasselbe, extrahierte mit einem bestimmten Volumen Wasser und filtrierte. Er bestimmte darauf, eine wie lange Zeit verstrich, bis daß eine 1proz. Stärkelösung durch Jod nicht mehr blau gefärbt wurde. Er wandte sich gegen *Browns* und *Morris'* Annahme, daß der Diastasegehalt im Verlaufe des Tages sinkt. Hierüber sagt er: „Durch meine Beobachtung konnte keine direkte Beeinflussung des Diastasegehaltes der Blätter (Pisum sativum) durch Beleuchtungsverhältnisse ermittelt werden." Er fand weiter, „mit fortschreitender Keimung wächst die Menge der in den Keimpflanzen vorhandenen Diastase.... Im allgemeinen enthalten Blätter, die bei der Assimilation leicht Stärke speichern, viel Diastase, während Zuckerblätter arm an dem Enzym sind." *Butkewitsch*[5]) hat in der Rinde, dem Holze und in den Blättern einer Reihe von Bäumen und Pflanzen Amylase nachgewiesen. *Blagowjeschtschenski*[6]) untersuchte das Verhältnis zwischen Stärke und Amylasemenge in keimenden Samen von Vicia Faba. Die Amylasebestimmung wurde so ausgeführt, daß man zu 100 ccm 0,5proz. Stärke-

---

[1]) *Grüss*, Ber. d. deutsch. bot. Ges. **13**, 2, 1895.

[2]) *Linz*, Jahrb. wiss. Bot. **29**, 367, 1896.

[3]) *Effront*, C. r. **141**, 626, 1905.

[4]) *Eisenberg*, Flora **97**, 347, 1907.

[5]) *Butkewitsch*, diese Zeitschr. **10**, 314, 1908.

[6]) *Blagowjeschtschenski*, Journ. Russ. Phys. Chem. Ges. **47**, 1529, 195; Chem. Zentralbl. **87**, 2 A, 1916.

lösung 0,25 g Samen und 1 ccm Toluol mischte, worauf man die Menge reduzierenden Zuckers unmittelbar und nach 24 Stunden bestimmte. Er fand jedoch keinen Zusammenhang zwischen den Variationen der Stärke und der Amylase. *Daish*[1]) hat die kohlehydratspaltenden Enzyme in frischen Blättern bei einer Reihe von Pflanzen untersucht. Er fand, daß hauptsächlich Glykose gebildet wurde, weshalb er sagt, daß „there is therefore no doubt as to the present of maltose in this leaves, wether plucked at night or in the daytime". Ein Wasserextrakt von Blättern spaltet jedoch Stärke nur zu Maltose, bei Anwesenheit des feinpulverisierten Präparates wird aber auch Glykose gebildet. Kürzlich haben *Palladin* und *Popoff*[2]) eine Abhandlung veröffentlicht „Über die Entstehung der Amylase und Maltose in den Pflanzen". Ihre Methode für die Bestimmung der Amylasewirkung ist folgende: Die frischen Blätter werden im Mörser zerrieben und dann mit Chloroform oder Toluol auto-lysiert. Nach einigen Tagen wird die Masse gepreßt, der Rückstand mit Wasser aufgeschlemmt und Stärke zugesetzt. Auf diese Weise werden die gelösten Diastase entfernt und nur das, was an die Protoplasten ge-bunden ist oder durch die Gerbstoffe gefällt wird, bleibt zurück. Das Reduktionsvermögen wird nach *Fehling* bestimmt und der Zucker als Glykose berechnet. Sie fanden: „in grünen und etiolierten Blättern ver-schiedener Pflanzen nach einer dauernden Autolyse (von 1 bis 23 Tagen) bei hoher Sommertemperatur und darauffolgendem sorgfältigen Durch-waschen in Wasser bleibt noch aktive, mit den Protoplasten verbundene Diastase. In jungen Blättern ist mehr gebundene Diastase als in alten.... In Blättern befindet sich die Diastase beinahe ausschließlich in Verbindung mit den Protoplasten. Die Art dieser Verbindung ist unbekannt." Sie fügen jedoch hinzu, daß „während der Autolyse Diastase, die mit den Proto-plasten verbunden ist, sich spaltet und in die Lösung übergeht".

3. Methodik.

a) Historisches.

Wie aus der geschichtlichen Zusammenfassung hervorgeht, sind eine Reihe Verfasser zu der Auffassung gekommen, daß es bei der Bestimmung der Amylasewirkung notwendig ist, die feinpulverisierten Pflanzenteile in der Reaktionsmischung anwesend zu haben, um ein quantitativ richtiges Resultat zu erhalten. Besonders hervortretend in dieser Beziehung sind die von *Palladin* und *Popoff* ausgeführten Unter-suchungen. Einige Verfasser, wie *Brown* und *Morris* und *Eisenberg*, haben zuerst ihr Material bei 30 bis 40⁰ getrocknet. Ein solches Ver-fahren kann jedoch sehr leicht einen schädlichen Einfluß auf die Amylase-wirkung haben. So hat z. B. Verfasser[3]) dieser Arbeit gezeigt, daß Amylase von Grünalgen beim Trocknen bei gewöhnlicher Zimmer-

---

[1]) *Daish*, Biochem. Journ. **10**, 49, 56, 1916.
[2]) *Palladin* und *Popoff*, diese Zeitschr. **128**, 487, 1922.
[3]) *Sjöberg*, l. c.

temperatur etwas von ihrem Spaltungsvermögen verlieren. Um einen wirklichen Wert der Amylasewirkung gerade da, wenn die Proben entnommen werden, zu erhalten, ist es notwendig, dieselben unmittelbar zu behandeln.

Ein Wasserextrakt von Blättern ist hellgelb bis stark rotbraun gefärbt. Bei der Bestimmung der Amylasewirkung ist es darum notwendig, sich entweder einer Methode zu bedienen, die gleich gut in gefärbten Lösungen anwendbar ist, oder zuerst die Farbstoffe von dem Material zu extrahieren. Eine solche Extraktion muß folglich mit einem Lösungsmittel ausgeführt werden, welches weder die Amylase auflöst oder sonst irgendwelche schädliche Einwirkung auf dieselbe hat. Extraktionsversuche sind mit Alkohol und Aceton in verschiedenen Konzentrationen als Lösungsmittel ausgeführt worden. Diese Lösungsmittel extrahierten so gut wie vollständig das Chlorophyll, welches jedoch nicht wasserlöslich und darum bei der Bestimmung nicht hinderlich ist. Die wasserlöslichen rotbraunen Farbstoffe werden dagegen nicht extrahiert. Was den Einfluß des Extraktionsmittels auf die Amylasewirkung betrifft, so war ein solcher bei der Anwendung von 96 proz. Alkohol fast gar nicht zu bemerken. Nach Extraktion mit 60 proz. Alkohol und 80 proz. Aceton war die Amylasewirkung bedeutend vermindert, dadurch verursacht, daß ein Teil des Enzyms in Lösung ging. Es erwies sich also als nicht zweckmäßig, durch eine vorbereitende Extraktion die Farbstoffe zu entfernen.

Für die Bestimmung der Amylasewirkung mußte darum eine Methode angewendet werden, welche unabhängig von der Farbe des Extraktes ist. Es dürfte unnötig sein, hier auf eine ausführliche Beschreibung aller Methoden einzugehen, welche ausgearbeitet worden sind. Ich möchte in diesem Zusammenhange nur auf die Arbeiten von *Sherman*[1]) und seinen Mitarbeitern und von *Euler* und *Svanberg*[2]) hinweisen. Von den angewendeten Methoden kommt aus den obengenannten Gründen *Wohlgemuths*[3]) kolorimetrische Methode nicht in Frage. Ebenso sind die Methoden, die sich auf die Bestimmung des Polarisationsvermögens gründen, unanwendbar, da die Lösungen viel zu stark gefärbt sind. Als praktisch anwendbar verbleibt die Reduktionsmethode, d. h. die Bestimmung des gebildeten Zuckers durch sein Vermögen, alkalische Kupferlösungen zu reduzieren.

Die Spaltung von Stärke zu Maltose geht in mehreren Stadien vor sich, und hierbei wirken wahrscheinlich mehrere Enzyme mit. Man kann jedoch die Spaltung in zwei größere Absätze einteilen, nämlich

---

[1]) *Sherman* und *Thomas*, Journ. Amer. Chem. Soc. **37**, 623, 1915.
[2]) *Euler* und *Svanberg*, Zeitschr. f. physiol. Chem. **112**, 193, 1920.
[3]) *Wohlgemuth*, diese Zeitschr. **9**, 1, 1908.

224   K. Sjöberg:

die Verkleisterung der Stärke und die Spaltung der Zwischenprodukte
in Zucker. Die verschiedenen Phasen sind natürlich mehr oder weniger
voneinander abhängig. Im allgemeinen geht die Verkleisterung der
Stärke bedeutend schneller vor sich als die Zuckerbildung. In 1proz.
Stärkelösung z. B. wird sämtliche Stärke zu Dextrin umgebildet,
d. h. die Lösung wird von Jod nicht länger blau gefärbt, auch wenn
sich nur wenig Zucker gebildet hat. Will man daher den Verlauf der
Spaltung vollständig untersuchen, ist es notwendig, diese beiden Reaktionen zu bestimmen. Da es sich jedoch in dieser Arbeit darum handeln
soll, die Amylasewirkung bei Pflanzen zu untersuchen, sah ich es als
ausreichend an, das Verzuckerungsvermögen zu bestimmen, da die
Bildung des Schlußproduktes das wichtigste für die Pflanze ist, und die
Zwischenprodukte nur Interesse als solche haben.

Bestimmungen des Verzuckerungsvermögens bei Pflanzenamylase
mit Ausnahme von Malzamylase sind früher so ausgeführt worden,
daß man das Enzympräparat während einer bestimmten Zeitdauer
auf Stärkelösung einwirken ließ und dann bestimmte, wieviel Zucker
sich gebildet hatte. Oder man hat auch die Zeit bestimmt, welche
erforderlich ist, um eine gewisse Menge alkalische Kupferlösung ganz
zu entfärben. Was die Malzamylase betrifft, liegen eine ganze
Reihe genauer Untersuchungen über den Verlauf der Zuckerbildung
vor. Mehrere Verfasser haben sehr exakte systematische Versuche
darüber ausgeführt, inwieweit die Verzuckerung sich der Formel für
monomolekulare Reaktionen anschließt. Indem ich von älteren Arbeiten
auf diesem Gebiet auf *Eulers* und *Svanbergs* erwähnte Arbeit hinweise,
will ich näher auf deren Untersuchungen eingehen. Diese Forscher
haben gefunden, daß das erste Stadium der Verzuckerung eine beinahe monomolekulär verlaufende Reaktion ist, wobei aus 1 g Stärke,
unabhängig von der Enzymmenge, annähernd 750 mg Maltose entsteht.
Die Reaktionskonstante ist der Enzymkonzentration annähernd proportional. Nachdem sich 75% der theoretischen Menge Maltose gebildet hat, verläuft die Reaktion jedoch bedeutend langsamer. Wie
bei · der Rohrzuckerinversion treten auch hier lineare Beziehungen
zwischen Substratmenge und Spaltungsgeschwindigkeit auf. Zur
Angabe der Verzuckerungsfähigkeit *Sf* von Amylasepräparaten schlagen
sie folgende Einheit vor, welche der früher für Saccharose eingeführten
analog ist[1]):

$$Sf = \frac{k \cdot g \text{ Maltose}}{g \text{ Präparat}}.$$

Hier bedeutet k den Mittelwert des Reaktionskoeffizienten der
monomolekularen Reaktion, nach welcher sich der erste, größte Teil

---

[1]) *Euler* und *Svanberg*, Zeitschr. f. physiol. Chem. **106**, 201, 1919.

der Verzuckerung vollzieht, g Maltose die Anzahl g Maltose, welche durch diese Reaktion maximal gebildet werden können.

Unabhängig von *Euler* und *Svanberg* stellten *Lüers* und *Wasmund*[1]) ungefähr gleichzeitig einen ähnlichen Ausdruck als Maß für die Verzuckerungsfähigkeit auf:

$$F_z = \frac{k.g \ \text{Stärke}}{g \ \text{Fermentpräparat}}.$$

Der einzige Unterschied in diesen beiden Ausdrücken besteht darin, daß die letztgenannten Forscher an Stelle der Anzahl g Maltose, die gebildet wird, die Menge der Stärke setzen. Da von 1 g Stärke 1,056 g Maltose gebildet werden, wird der Wert auf Sf hierdurch nur unbedeutend vermindert, wenn alle Stärke mit ein und derselben Geschwindigkeit zu Maltose verwandelt wird. In dem Falle, wo nur 75% Maltose gebildet werden, dürfte es zweckmäßig sein, mit dem von *Euler* und *Svanberg* vorgeschlagenen Ausdruck zu rechnen.

Da keine näheren Untersuchungen darüber vorliegen, inwieweit auch andere Pflanzenamylasen ein ähnliches Verhalten bei der Zuckerbildung aufweisen, war es notwendig, dies zuerst zu untersuchen, ehe die obenstehende Anschauung geltend gemacht werden konnte.

Von großer Bedeutung bei der Bestimmung der Amylasewirkung ist die Beschaffenheit des Substrates. Nach *Wirth*[2]) wiesen verschiedene Stärkesorten Unterschiede in ihrer Angreifbarkeit durch Diastase auf. *Sherman* und seine Mitarbeiter[3])[4]) haben die Wirkung einer Reihe von Amylasepräparaten auf verschiedene Stärkesorten untersucht und gefunden, daß das Resultat mit der Stärke variiert. Auch *Euler* und *Myrbäck*[5]) haben ähnliche Untersuchungen ausgeführt. Es ist daher von großer Wichtigkeit, daß man bei vergleichenden Versuchen dieselbe Stärke anwendet. In der vorliegenden Untersuchung ist die von *Merck* unter der Bezeichnung „lösliche Stärke" im Handel geführte zur Anwendung gekommen.

b) Die Endprodukte.

Um die durch die Enzymwirkung gebildete Zuckermenge quantitativ zu bestimmen, muß man wissen, inwieweit die Reaktion mit der Bildung von Maltose aufhört oder ob dieselbe in Glykose übergeht. Was Malzamylase anbetrifft, rechnet man im allgemeinen damit, daß

---

[1]) *Lüers* und *Wasmund*, Fermentf. **5**, 169, 1922.
[2]) *Wirth*, Diss. München 1908.
[3]) *Sherman* and *Baker*, Journ. Amer. Chem. Soc. **38**, 1885, 1916.
[4]) *Sherman*, *Walker* and *Cadwell*, Journ. Amer. Chem. Soc. **42**, 1123 1919.
[5]) *Euler* und *Myrbäck*, Svenska Vet. Akad. Arkiv f. Kemi 8, Nr. 9, 1921.

die Reaktion mit der Bildung von Maltose aufhört. *Sherman* und *Punnet*[1]), welche mehrere Amylasepräparate in dieser Hinsicht untersucht haben, sagen, daß jederzeit etwas Glykose gebildet wird. Unter den Voraussetzungen aber, unter welchen die Reaktion im allgemeinen ausgeführt wird, ist die Bildung von Maltose so überwiegend, daß man mit Fug damit rechnen kann, daß nur Maltose gebildet wird. Die Angaben sind jedoch recht schwankend, wie es sich damit verhält, wenn die Reaktion von anderen Pflanzenenzymen katalysiert wird. *Daish*[2]), der die Produkte bei der Spaltung von Stärke durch Enzyme von einigen verschiedenen Pflanzen untersucht hat, kam zu dem Resultat, daß hauptsächlich Glykose gebildet wird, aber in kleineren Mengen auch Maltose. Wurde die Spaltung mit einem Wasserextrakt ohne Gegenwart des feinpulverisierten Präparats ausgeführt, so wurde jedoch nur Maltose gebildet. *Baker* und *Hulton*[3]) haben Versuche mit Getreidekörnern ausgeführt. Wenn Amylase von ungekeimtem Roggen oder Gerste auf Kartoffelstärke einwirkt, so wurden α-Amylodextrin und Maltose gebildet. Amylase von keimendem Roggen ergibt unter denselben Voraussetzungen Dextrin und Maltose. *Palladin*[4]) berechnet den reduzierenden Zucker, den er bei der Einwirkung der Amylase von Blättern verschiedener Pflanzen erhielt, als Glykose.

Auf Grund dieser variierenden Angaben habe ich die Produkte bei der Spaltung mit Enzymen von Phaseolus vulgaris untersucht. Eine Enzymlösung wurde von Blättern von Phaseolus bereitet und diese einer Lösung von 1 g Stärke zugesetzt ($p_H = 5{,}2$). Nach Verlauf von 24 Stunden war sämtliche Stärke so weit gespalten, daß die Lösung durch Jod nicht mehr gefärbt wurde. Die Lösung wurde filtriert und auf 150 ccm verdünnt.

Diese Lösung ergab in der 10-cm-Röhre eine Drehung von $1{,}00^0$ (18^0 C). Diese Drehung entspricht 0,73% Maltosehydrat $= 0{,}69\%$ Maltoseanhydrid, berechnet nach $[\alpha]_{18^0} = 137{,}3$. Hätte die Lösung nur Glykose enthalten, würde die Konzentration 1,91%, $[\alpha]_{20^0} = 52{,}5$, betragen haben. 5 ccm der Lösung wurden laut *Bertrands* Methode reduziert. Hierbei wurden 36,1 mg Cu reduziert, welches 32,5 mg Maltose oder 18,0 mg Glykose entspricht. Dies ergibt folgendes Konzentrationsverhältnis in der Lösung:

Maltose 0,65%, Glykose 0,36%.

Ein Teil der Lösung wurde 5 Stunden lang im Wasserbade mit verdünnter HCl hydrolysiert. Das Volumen wurde auf das ursprüngliche ergänzt. Die Drehung in der 10-cm-Röhre betrug nun $0{,}40^0$

[1]) *Sherman* and *Punnet*, Journ. Amer. Chem. Soc. **38**, 1877, 1916.
[2]) *Daish*, Biochem. Journ. **10**, 49, 1916.
[3]) *Baker* and *Hulton*, Journ. Chem. Soc. London **119**, 805, 1921.
[4]) *Palladin* und *Popoff*, diese Zeitschr. **128**, 487, 1922.

= 0,76% Glykose. 5 ccm reduzierten 66,0 mg Cu = 33,5 mg Glykose = 0,67% Glykose oder 0,64% Maltose (Anhydrid).

Dieses Resultat zeigt deutlich, daß in diesem Falle nur Maltose gebildet wurde. Auf Grund dessen ist im folgenden der reduzierende Zucker stets als Maltose berechnet worden. Es hat sich auch in keinem Falle so viel reduzierender Zucker gebildet, daß derselbe, berechnet als Maltose, die Menge übersteigt, die sich theoretisch hätte bilden können. Dies hätte leicht eintreten können, wenn auch Glykose gebildet worden wäre.

c) Die Ausführung der Amylasebestimmung.

Die Bestimmung der Amylasewirkung wurde auf folgende Weise ausgeführt. Eine abgewogene Menge Blätter wurde in einem Porzellanmörser mit feinem Seesand und etwas Wasser zu einer gleichmäßigen, fein verteilten Masse zerrieben. Diese wurde in einen Meßkolben von 100 ccm gespült und teils Phosphatlösung bekannter Wasserstoffionenkonzentration und teils Stärkelösung zugesetzt. Außerdem wurde 1 ccm Toluol, welches keine Einwirkung auf die Amylasewirkung hat, zugesetzt, und zwar um die Infektion durch Mikroorganismen zu verhindern, was um so mehr erforderlich war, als die Versuche über mehrere Tage ausgestreckt werden mußten. Unmittelbar hierauf wurde eine Probe von 15 ccm entnommen, da die Pflanzenteile im allgemeinen Zucker und andere reduzierende Verbindungen enthalten und es darum notwendig ist, wegen dieser zu korrigieren. Darauf wurden nach verschieden langen Zeitabschnitten, je nach der Stärke der Amylase, Proben von 15 ccm entnommen. Diese ließ man in 20 ccm 4 proz. Kupfersulfatlösung fließen, wobei die Enzymwirkung abgebrochen wurde. Die gebildete Maltose wurde nach *Bertrands* Methode bestimmt. Hierbei sollen 20 ccm der Zuckerlösung, 20 ccm Kupfersulfatlösung und 20 ccm alkalische Seignettesalzlösung angewendet werden. Weil 15 ccm von der Probe entnommen wurden, war es notwendig, die Amylasewirkung mit Kupferlösung abzubrechen, da das Volumen zu groß geworden wäre, wenn man z. B. Sodalösung angewandt hätte. Da die Versuche in Gegenwart der Pflanzenteile ausgeführt wurden, mußten die Proben filtriert werden, worauf mit 5 ccm Wasser gewaschen wurde. Hierauf wurde die Zuckerbestimmung auf gewöhnliche Weise ausgeführt. Die Versuche wurden in einem elektrisch geheizten Wasserthermostat bei einer Temperatur von $40^0 \pm 0,2$ vorgenommen.

Im allgemeinen sind folgende Mengen angewandt worden:

Blätter . . . . 0,50 bis 1,00 g
1 proz. Stärkelösung . . . . . . 25 „ 50 ccm
Etwa 4 proz. Phosphatlösung . . 10 „
Ergänzt mit Wasser zu . . . . 100 „

Daß die angewandte Phosphatkonzentration ausreichend war, um einen konstanten p_H-Wert zu erhalten, wurde durch Bestimmung der Wasserstoffionenkonzentration auf elektrometrischem Wege kontrolliert.

Folgendes Beispiel (Tabelle 1), erhalten von drei verschiedenen Pflanzenpräparaten, zeigt den Verlauf der Verzuckerung. k ist berechnet aus der Formel für monomolekulare Reaktionen $k = \dfrac{1}{t} \log \dfrac{a}{a - x}$. Der Wert auf k ist zwar nicht ganz konstant, die Versuchsfehler sind

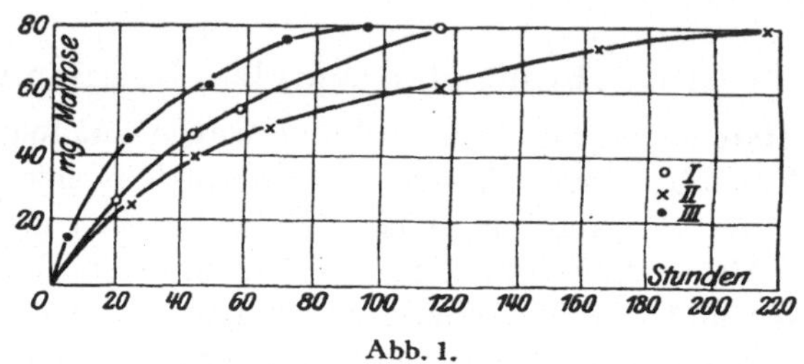

Abb. 1.

ziemlich groß, aber es zeigt sich jedenfalls, daß man praktisch damit rechnen kann, daß die Reaktion laut obengenannter Formel verläuft, wenn auch die Konstante etwas sinkt. Ferner geht aus der Tabelle und aus Abb. 1 hervor, daß die Reaktion monomolekular mit derselben Geschwindigkeit verläuft, bis sämtliche Stärke in Maltose umgebildet ist. In dieser Hinsicht unterscheidet sich also dieses Präparat von aus Malz hergestellten Amylaselösungen.

Tabelle I.

I. Picea Abies			II. Pinus sil estris			III. Phaseolus vulgaris		
Stunden	Maltose mg	k	Stunden	Maltose mg	k	Stunden	Maltose mg	k
20	26,0	0,0086	24	24,2	0,0066	5	15,0	0,018
43	46,7	0,0090	44	39,3	0,0065	23	45,3	0,016
58	54,5	0,0087	68	47,7	0 0058	47	60,7	0,014
116	79,4	—	116	61,2	0,0055	71	77,0	(0,022)
a	79,2	—	165	73,6	—	95	79,5	—
		0,0088	216	79,4	—	a	79,2	—
			a	79,2	—			0,018
					0,0061			

In den Tabellen II bis IV werden einige Versuche wiedergegeben, welche zeigen, wie die Reaktionskonstante sich mit variierender Enzymmenge verändert. Aus diesen drei Beispielen ist ersichtlich, daß die Zuckerbildungsfähigkeit in geradem Verhältnis zu der Enzymmenge, wenigstens innerhalb der Grenzen, um die es sich hier handelt, steht.

Mehrere andere Versuche mit Enzympräparaten von verschiedenen Pflanzen ergaben dasselbe Resultat. Dies steht, wie bereits erwähnt, in Übereinstimmung mit dem, was *Euler* und *Svanberg* betreffend Malzamylase innerhalb einer Konzentrationsveränderung von 0,2 bis 2,0 ccm Enzymlösung erhielten.

Tabelle II.
Picea Abies.

g Nadeln	1,00		1,50		2,00		
Stunden	Maltose mg	k	Maltose mg	k	Stunden	Maltose mg	k
21	13,4	0,0084	17,0	0,012	5	6,2	0,015
29	—	—	20,6	0,011	20	23,2	0,019
45	23,4	0,0086	29,5	0,013	25	25,9	0,018
69	28,6	0,0081	—	—	—	—	—
a	39,6	—	39,6	—	a	39,6	—
k Mittel	—	0,0084	—	0,012	—	—	0,017
$\dfrac{k}{g\,\text{Nadeln}}$	—	0,0084	—	0,0080	—	—	0,0085

Tabelle III.
Pinus silvestris.

g Nadeln	1,00		1,50		2,00	
Stunden	Maltose mg	k	Maltose mg	k	Maltose mg	k
6	14,2	0,032	17,8	0,043	21,9	0,058
22	27,6	0,024	34,9	0,042	37,3	0,056
27	30,3	0,023	—	—	—	—
a	39,6	—	39,6	—	—	—
k Mittel	—	0,026	—	0,043	—	0,057
$\dfrac{k}{g\,\text{Nadeln}}$	—	0,0260	—	0,0286	—	0,0285

Tabelle IV.
Phaseolus vulgaris.

	1 ccm Enzymlösung			5 ccm Enzymlösung		
Stunden	Maltose mg	k	Stunden	Maltose mg	k
24	11,1	0,0020	7,5	15,7	0,0093
43	18,5	0,0019	23	41,2	0,0094
99	37,3	0,0019	31	46,8	0,0082
a	105,6	—	a	105,6	—
k Mittel	—	0,0019	—	—	0,0090
$\dfrac{k}{\text{ccm Enzymlös.}}$	—	0,0019	—	—	0,0018

Da die Enzymwirkung bei den von mir untersuchten Pflanzenteilen im allgemeinen sehr schwach war, konnten nur verhältnismäßig kleine Mengen Stärke umgewandelt werden, wenn die Versuche sich nicht über eine allzu lange Zeit erstrecken sollten. Deswegen sind auch die Stärkekonzentrationen während der Versuche schwächer als die gewesen, die im allgemeinen angewendet zu werden pflegen, wenn es die Bestimmung der Speichel- und Malzdiastase gilt. Die folgende Tabelle zeigt jedoch, daß bei diesen Konzentrationen ein gerades Verhältnis zwischen den erhaltenen Reaktionskonstanten und der Konzentration der Stärkelösung herrscht.

Tabelle V.

Fraxinus excelsior. Die Lösung = 100 ccm.

% Stärke	0,20		0,30		0,50	
Stunden	Maltose mg	k	Maltose mg	k	Maltose mg	k
24	11,5	0,0044	13,2	0,0033	13,2	0,0019
30	—	—	15,9	0,0032	16,0	0,0019
72	27,4	0,0044	24,9	0,0023	26,4	0,0013
a	52,8	—	79,2	—	132,0	—
k Mittel	—	0,0044	—	0,0029	—	0,0017
$k \times g$ Stärke	—	0,00088	—	0,00087	—	0,00085

Ähnlich wie es der Fall mit Malzamylase war, kann also die Verzuckerungsfähigkeit als Produkt der Reaktionskonstante für monomolekulare Reaktion und der Substratmenge angegeben werden, dividiert mit der Enzymmenge. Da man damit rechnen könnte, daß bei diesen Bestimmungen sämtliche Stärke zu Maltose umgewandelt wird, habe ich der Einfachheit wegen das Substrat als Stärke berechnet und erhielt folglich unter Beibehaltung der von *Euler* und *Svanberg* eingeführten Bezeichnungen:

$$Sf = \frac{k \cdot g \text{ Stärke}}{g \text{ Präparat}}.$$

Es ist hier auch zu beachten, daß, weil die Versuche sich über eine längere Zeit erstrecken mußten, die Zeit in Stunden angegeben wird.

d) Der Einfluß der Azidität.

Bereits in einem sehr frühen Stadium der Enzymchemie ist der große Einfluß konstatiert worden, welchen Säuren und Basen auf die Enzyme ausüben. Es ist nicht nötig, hier frühere Arbeiten über dieses Gebiet zu erwähnen, da mehrere ausgezeichnete Zusammenfassungen hierüber vorhanden sind. So haben z. B. *Sherman* und *Thomas*[1]) eine Literaturzusammenstellung in einer ihrer Arbeiten gemacht. Außer diesen haben *Michaelis* und *Pechstein*[2]), *Adler*[3]), *Euler* und *Svanberg*[4]) u. a. sich mit der Abhängigkeit der Amylasewirkung von der Azidität beschäftigt. *Michaelis* und *Pechstein* geben für Speicheldiastase folgende Werte auf Wasserstoffionenkonzentration bei optimaler Wirkung des Enzyms an:

$$\text{Chloridamylase} \ldots \ldots \ldots \ldots \quad p_H = 6{,}7$$
$$\text{Nitratamylase} \ldots \ldots \ldots \ldots \quad 6{,}9$$
$$\text{Phosphat-, Sulfat- und Acetatamylase} \quad 6{,}1 - 6{,}2$$

Malzamylase hat ihre größte Wirkung bei etwas saurerer Reaktion, laut *Sherman* und *Thomas* zwischen $p_H = 4{,}2 - 4{,}6$. *Adler* hat das Optimum bei $p_H = 4{,}7 - 5{,}15$ gefunden, *Hahn* und *Harpuder*[5]) bei $p_H = 4{,}7$ und *Euler* und *Svanberg* und auch *Ernström*[6]) in runden Zahlen bei $p_H = 5$. *Sjöberg*[7]) hat für Amylase aus einer Reihe von Grünalgen das Optimum bei ungefähr $p_H = 4{,}2$ gefunden.

Tabelle VI.

k, relativ (k bei opt. $p_H = 100$).

p_H	Fraxinus excelsior	Picea Abies	Pinus silvestris	Phaseolus vulgaris	Phaseolus multiflorus
4,50	82,1	85,0	75,7	88,4	80,3
4,67	—	—	87,1	—	—
5,00	100	100	100	97,0	98,1
5,20	87,3	—	100	100	100
5,40	—	—	98,2	100	100
5,60	70,8	92,3	94,5	—	—
5,80	—	—	—	96,5	—
6,00	62,9	70,7	81,5	—	91,0
6,25	57,1	—	—	87,7	81;8
6,60	—	50,8	55,8	—	—
6,67	41,1	—	—	—	—
7,00	22,6	—	43,0	67,7	65,6
7,39	11,7	—	27,3	—	56,0
8,00	—	—	—	36,5	31,2
9,00	0	—	—	—	0

Es besteht also ein bedeutender Unterschied in Frage der Wasserstoffionenkonzentration, welche am günstigsten ist, wenn die Amylase von Tier- oder Pflanzenorganismen herstammt. An anderen Pflanzenamylasen ist der Einfluß der Azidität nicht untersucht worden.

---

[1]) *Sherman* and *Thomas*, Journ. Amer. Chem. Soc. **37**, 623, 1915.
[2]) *Michaelis* und *Pechstein*, diese Zeitschr. **59**, 77, 1914.
[3]) *Adler*, Ebendaselbst **77**, 146, 1916.
[4]) *Euler* und *Svanberg*, Zeitschr. f. physiol. Chem. **110**, 99, 1920.
[5]) *Hahn* und *Harpuder*, Zeitschr. f. Biol. **71**, 287 u. 302, 1919.
[6]) *Ernström*, Zeitschr. f. physiol. Chem. **119**, 190, 1922.
[7]) *Sjöberg*, Fermentf. **4**, 97, 1921.

Es war darum notwendig zu bestimmen, bei welcher Wasserstoffionenkonzentration meine Amylasepräparate ihre maximale Wirkung erreichten. Wie aus Tabelle VI ersichtlich, lag das Wirkungsoptimum für sämtliche untersuchten Pflanzen zwischen $p_H = 5{,}0$ und 5,4, also bei ungefähr derselben Wasserstoffionenkonzentration, welche die optimale für die Malzamylase ist.

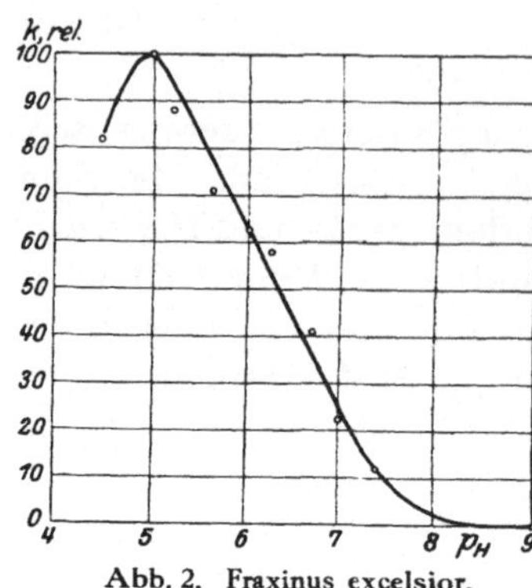

Abb. 2. Fraxinus excelsior.

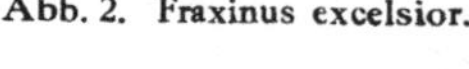

Abb. 3. Pinus silvestris o. Picea abies ×.

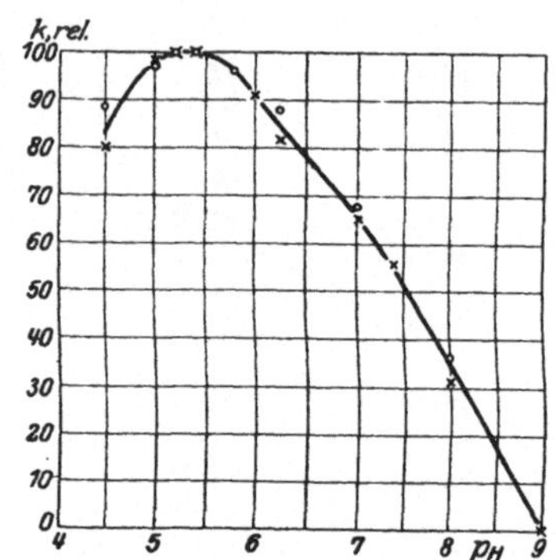

A b. 4. Phaseolus vulgaris o. Phaseolus multiflorus ×.

Diese Resultate sind erhalten worden bei der Anwendung von Phosphat als Puffer. Die gewünschte Wasserstoffionenkonzentration wurde erreicht durch Mischung von bestimmten Teilen primären Kaliumphosphats und sekundären Natriumphosphats (0,29 normal), laut des von *Sörensen* aufgestellten Diagramms.

Aus den Kurven (Abb. 2 bis 4) geht hervor, daß die Enzymwirkung sehr abhängig von der Wasserstoffionenkonzentration ist. Es ist ein sehr kleines Gebiet, innerhalb welchen das Enzym seine volle Wirkung entfalten kann. In keinem Falle ist eine nennenswerte Enzymwirkung in neutraler oder alkalischer Lösung zu verzeichnen.

4. Ergebnisse.

a) Das Verhalten der Amylase in Keimlingen.

Wenn ein Samen zu keimen beginnt, findet eine überaus große Neubildung von Zellen statt. Ehe die Keimung so weit vorgeschritten ist, daß Wurzeln und Blätter entwickelt sind, ist der Keimling zum größten Teil auf die Vorratsstoffe angewiesen, die sich im Samen befinden. Von Kohlehydraten kommt in größter Menge Stärke vor. Da diese zuerst zu einem niedrigeren Kohlehydrat umgewandelt werden muß, ehe sie von der Pflanze angewendet werden kann, ist anzunehmen, daß bei der Keimung die Amylase eine große Rolle spielt.

Bereits *Wortmann*[1]) fand, und zwar in allen von ihm untersuchten Fällen, daß Samenkörner Diastase enthalten, nicht oder nur schwach stärkehaltige jedoch nur sehr wenig; stärkehaltige ursprünglich wenig, daß sich aber bei der Keimung die Diastasemenge bedeutend erhöhte. Diese Resultate sind später von anderen Forschern bestätigt worden.

In dieser Arbeit sind diese Umstände mehr quantitativ untersucht worden. Es galt da zuerst eine Pflanze zu finden, welche verhältnismäßig große Samenkörner hatte, schnell wuchs und vor allem eine große Amylasewirkung besaß. Hierbei erwiesen sich Bohnenpflanzen, Phaseolusarten, besonders zweckentsprechend. Zwei Arten sind näher untersucht worden, nämlich Ph. vulgaris und Ph. multiflorus.

Für die Bestimmung der Amylasewirkung wurden Proben zuerst von ungekeimten Bohnen, nachher von Keimlingen in verschiedenen Entwicklungsstadien entnommen. Es ist natürlich nicht möglich gewesen, Proben von ein und derselben Pflanze zu entnehmen. Dies wäre am besten gewesen, da, weil man es hier mit lebendem Material zu tun hat, leicht die verschiedenen Individuen variieren können. Es wurden jedoch mehrere Bohnen in einen und denselben Topf gesteckt, und dieselben konnten also, was Nahrung, Licht, Wasser usw. anbetrifft, unter gleichen Verhältnissen wachsen und variierten darum nur unbedeutend. Die eine oder andere Pflanze, die bei der Keimung zurückblieb, wurde von der Untersuchung ausgeschlossen. Wenn die Pflanze so weit gekommen war, daß Wurzeln, Stiel und Blätter sich entwickelt hatten, wurde jeder Pflanzenteil je für sich untersucht.

In untenstehenden Tabellen (VII bis IX) werden die bei den verschiedenen Entwicklungsstadien auf Sf erhaltenen Werte angegeben. Dieselben sind stets per 1 g Trockengewicht berechnet. In Beilagen nach dem Text finden sich die Versuchsziffern verzeichnet, nach welchen die Berechnung von Sf gemacht wurde.

---

1) *Wortmann*, Bot. Zeitung 48, Nr. 37 bis 41, 1890.

Tabelle VII.

Phaseolus vulgaris, im Gewächshaus bei Sonnenlicht von März bis April gewachsen. Proben vormittags 9 Uhr entnommen. (Beilagen 1 bis 49.)

Anzahl der Tage nach dem Pflanzen der Bohnen	Die Bohne. Später die von der Bohne gebildeten Schildchen	Endosperme	Stiel	Erste	Zweite	Dritte	Entwicklungsstadium
				Blattanlage bzw. Blatt			
0	0,0054	—	—	—	—	—	Die ungekeimte Bohne.
8	0,0253	—	—	—	—	—	1—2 cm langer Wurzelansatz. Die ganze Pflanze.
14	0,0844	—	—	—	—	—	Der Keim ist eben aus der Erde hervorgekommen. Die Blattanlage noch nicht außerhalb den Schildchen. Die ganze Pflanze.
—	0,110	—	—	—	—	—	
16	0,252	0,492	—	1,56	—	} — {	Die Schildchen ganz über der Erde.
17	0,350	0,703	—	1,01	—		
22	0,586	—	1,46	2,76	—	—	Länge der Pflanze 10 cm. 1. Blattpaar entwickelt. Blätter 2,5 cm.
28	1,39	—	1,45	4,42	4,40	} — {	Länge der Pflanze 12 cm. 1. Blattpaar voll entwickelt, 5×4 cm. Eine neue Blattknospe. Die Schildchen fangen an zu verwelken.
31	—	—	—	4,92	—	—	
32	1,45	—	1,16	1,31	2,76	—	Länge der Pflanze 13 cm. Blätter 4 × 3,5 cm.
36	—	—	—	2,12	—	—	
38	—	—	0,916	1,28	1,49	—	Länge der Pflanze 22 bis 25 cm. 2. Blattpaar voll entwickelt.
42	—	—	1,69	1,11	1,32	2,22	
44	—	—	—	1,14	—	—	
46	—	—	—	1,07	—	—	Länge der Pflanze 35 bis 40 cm.
—	—	—	—	1,18	—	—	
47	—	—	—	1,66	—	—	

Nach 14 Tagen in eine etwas kältere Temperatur gebracht.

Anzahl der Tage	Schildchen	Endosperme	Stiel	Erste	Zweite	Dritte	Entwicklungsstadium
40	—	—	1,77	2,01	3,82	—	Länge der Pflanze 11 cm. Nur das 1. Blattpaar entwickelt.
44	—	—	—	3,14	—	—	Blätter 4,5 × 4,5 cm.

Nach 14 Tagen wurden die Pflanzen an einen Ort gestellt, wo sie nicht direktem Sonnenlicht ausgesetzt waren.

Anzahl der Tage	Schildchen	Endosperme	Stiel	Erste	Zweite	Dritte	Entwicklungsstadium
22	0,663	—	1,58	3,28	—	—	Länge der Pflanze 10 cm. 1. Blattpaar 3 cm.
32	2,09	—	0,876	1,31	2,30	—	Länge der Pflanze 18 cm. 1. Blattpaar 5,5 × 5 cm.
39	—	—	0,681	0,865	1,21	2,55	Länge der Pflanze 38 cm. 1. Blattpaar 7 × 6 cm. 2. „ entwickelt.

Eine Serie, einen Monat später als die in Tabelle VII gepflanzt, wurde nach 10 Tagen untersucht. Die Pflanzen kamen da gerade aus der Erde hervor. Blatt- und Stielanlage wurde je für sich untersucht.

Folgende Werte wurden erhalten:

	Sf	Beilagen
Schildchen	0,468	50
Stielanlage	1,73	51
Blattanlage	5,58	52

Tabelle VIII.

Phaseolus vulgaris, bei gewöhnlicher Zimmertemperatur gezogen. August bis September. (Beilagen 56 bis 65.)

Anzahl der Tage nach dem Pflanzen der Bohnen	Die Bohne. Später die von der Bohne gebildeten Schildchen	Stiel	Erstes	Zweites	Entwicklungsstadium
			Blatt		
0	0,0027	—	—	—	Die ungekeimte Bohne.
11	1,27	0,770	2,72	—	Pflanze 9 cm lang. Erstes Blattpaar entwickelt. Blätter 1,5 cm.
19	0,738	0,308	1,70	—	Pflanze 25 cm lang. Blätter 3 × 3 cm.
27	—	0,575	0,620	0,601	Pflanze 41 cm lang. 1. Blatt 4 × 4 cm. 2. Blattpaar entwickelt.

Wie aus dieser Tabelle ersichtlich, findet eine sehr starke Amylasebildung zuerst bei der Keimung und dann während der ersten Entwicklung der Pflanze statt bis zu einem Werte, der ungefähr 1000 mal größer als der ursprüngliche in der Bohne ist. Bereits eine Woche nach dem Pflanzen der Bohne, wenn sie gerade angefangen hat, sich zu erweichen und der Keim sich zu entwickeln beginnt, ist die Amylasewirkung auf den fünffachen Wert gestiegen und steigt dann weiter sehr schnell. Die höchsten Werte wurden bei den jungen Blättern erhalten, welche im Begriff waren, sich voll zu entwickeln. Darauf ging die Amylasewirkung wieder etwas zurück. Daß etwaige größere Variationen bei verschiedenen Exemplaren nicht vorkommen, geht aus den Werten vom 38. bis 47. Tage (Tabelle VII) hervor, die sich nicht wesentlich voneinander unterscheiden. Exakt gleiche Werte darf man natürlich nicht erwarten. Die Amylasewirkung ist, wie deutlich ersichtlich, nicht nur auf die Blätter und Blattknospen lokalisiert, sondern sie erstreckt sich auch auf die Stiele und Wurzeln. Besonders in den Stielen erreicht sie einen recht hohen Wert, aber der Stiel wächst ja auch beständig.

Mit einem Wert auf $Sf = 1{,}0$ ist die Amylasewirkung so groß, daß ein Blatt in 24 Stunden sein eigenes Gewicht in Stärke umwandeln könnte. Da ein so großer Umsatz sicher nicht in Frage kommt, ist es recht eigentümlich, daß noch größere Werte in vielen Fällen erhalten werden. Diese sind andererseits jedoch mit löslicher Stärke erreicht worden. Um unlösliche Formen von Stärke zu verkleistern und zu spalten, ist eine längere Zeit erforderlich. Es spielt außerdem eine Rolle, in welchen Teilen des Gewebes sich die Stärke und das Enzym befinden und wie sie in Berührung miteinander kommen können. Ferner ist zu beachten, daß die Temperatur innerhalb der Pflanze nicht dieselbe wie die ist, welche ich bei meinen Versuchen angewendet habe.

Es sind auch einige Versuche mit Pflanzen ausgeführt worden, die bei Tageslicht gewachsen, jedoch direktem Sonnenlicht nicht ausgesetzt waren. Wie aus der Tabelle VII ersichtlich, wuchsen diese Exemplare schneller, und hier war die Amylasewirkung anfangs größer als bei den Sonnenpflanzen. Etwas später ergaben sich aber niedrigere Werte bei den Schattenpflanzen.

Die in Tabelle IX angegebenen Resultate wurden mit Phaseolus multiflorus erhalten.

Auch in diesen Keimversuchen findet eine starke Amylasebildung statt und erreicht ihren höchsten Wert in den Blattknospen und den neu entfalteten Blättern. Aus den vergleichenden Bestimmungen für Blätter, die sich zu verschiedenen Zeiten entwickelt hatten, ist ersichtlich, daß die Amylasewirkung am größten in den jüngsten ist. Wenn die Pflanze über die erste kräftige Wachstumsperiode hinaus ist und sich etwas mehr stabilisiert hat, findet eine gleichmäßigere Amylasewirkung in den verschiedenen Blättern statt. Nach 55 Tagen ist die Amylasewirkung ein und derselben Größenordnung in allen Blättern, wenn auch hier die Werte in den jüngsten Blättern etwas höher sind.

In den Abb. 5 bis 8 sind die Werte für die beiden längeren Versuchsserien eingezeichnet. Aus diesen Kurven ist noch deutlicher ersichtlich, daß gerade bei der Bildung einer Blattknospe die Amylasewirkung unerhört ansteigt, um danach, wenn das Blatt mehr entwickelt ist, bald wieder schnell zu sinken und nach und nach in einen verhältnismäßig konstanten Zustand einzutreten.

Ich gebe hier auch einige Werte für die Amylasewirkung bei einer Phaseolus vulgaris-Pflanze an, die bei der Keimung zurückgeblieben war und sich bedeutend später als die übrigen entwickelt hatte. Sie wurde zu gleicher Zeit wie die in Tabelle VII gepflanzt und ist deshalb mit diesen vergleichbar. Nach 24 Tagen war die Pflanze so weit, daß nur der Keim und die Schildchen über der Erde entwickelt waren,

Tabelle IX.

Phaseolus multiflorus, im Gewächshaus bei Sonnenlicht von August bis Oktober gewachsen. Proben vormittags 9 Uhr entnommen.
(Beilagen 66 bis 114).

Anzahl der Tage nach dem Pflanzen der Bohnen	Die Bohne. Später die von der Bohne gebildeten Schildchen	Stiel	Erstes	Zweites	Drittes	Viertes	Fünftes	Sechstes	Entwicklungsstadium
					Blatt				
0	0,0014	—	—	—	—	—	—	—	Am 25. August gepflanzt. Die ungekeimte Bohne.
6	0,0074	—	0,0770	—	—	—	—	—	Der Keim hat angefangen sich etwas zu entwickeln.
	0,0095	—	—	—	—	—	—	—	
11	0,0298	0,204	1,70	—	—	—	—	—	Der Keim schaut etwas aus der Erde heraus.
13	0,0876	0,357	1,82	—	—	—	—	—	Länge der Pflanze 12 cm. 1. Blattpaar 3 × 2,5 cm.
15	0,373	0,515	0,641	6,25	—	—	—	—	Länge der Pflanze 25 cm. 1. Blattpaar 6,5 × 6,5 cm.
18	—	—	0,810	1,36	—	—	—	—	1. Blattpaar 14 × 12 cm. 2. „ 3 × 2 „
25	—	—	0,535	—	—	—	—	—	1. „ 16 × 13 „
26	—	—	0,475	—	—	—	—	—	
34	—	—	0,262	0,429	0,565	1,15	—	—	
35	—	—	0,158	0,624	0,664	—	2,20	—	
36	—	—	0,309	0,448	—	—	—	—	
37	—	—	0,342	0,540	—	—	—	—	
55	—	—	0,394	0,440	0,511	0,505	0,541	0,615	
5	0,0038	—	0,148	—	—	—	—	—	Am 12. Sept. gepflanzt. Der Keim hat angefangen sich etwas zu entwickeln.
5	0,0025	—	—	—	—	—	—	—	Am 21. September gepflanzt. Die Bohne hat angefangen sich zu erweichen, aber der Keim ist noch nicht entwickelt.
6	0,0076	—	0,172	—	—	—	—	—	Am 5. Okt. gepflanzt. Keim 4,5 cm.
8	0,0081	—	0,0651	—	—	—	—	—	Dasselbe.
13	0,0371	0,292	3,39	—	—	—	—	—	Keim ohne Wurzel 5 cm. Blattansatz 1,5 cm.
19	0,0595	0,114	1,00	—	—	—	—	—	Schaut etwas aus der Erde heraus.

d. h. sie befand sich im selben Stadium, welches normale Keime nach
16 bis 17 Tagen erreichten. Folgende Werte auf Sf wurden erhalten:

	Sf	Beilagen
Schildchen	0,447	53
Stiele	1,51	54
Blattansatz	6,05	55

Aus diesen Resultaten geht hervor, daß die Amylasewirkung
nicht gleich in den verschiedenen Teilen der Pflanze ist. Betrachtet

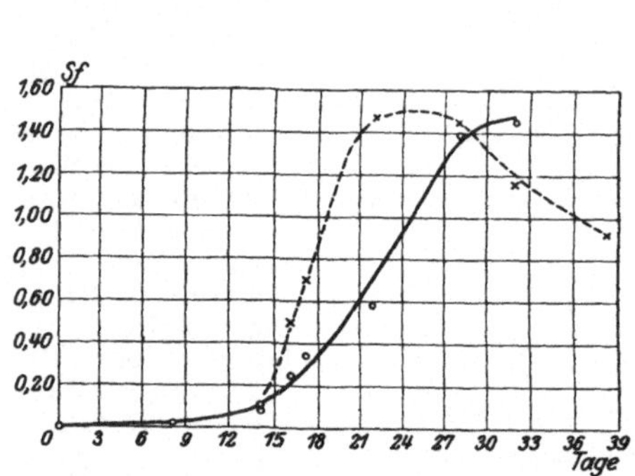

Abb. 5. Phaseolus vulgaris (Kotyledone ∘, Stiel ×).

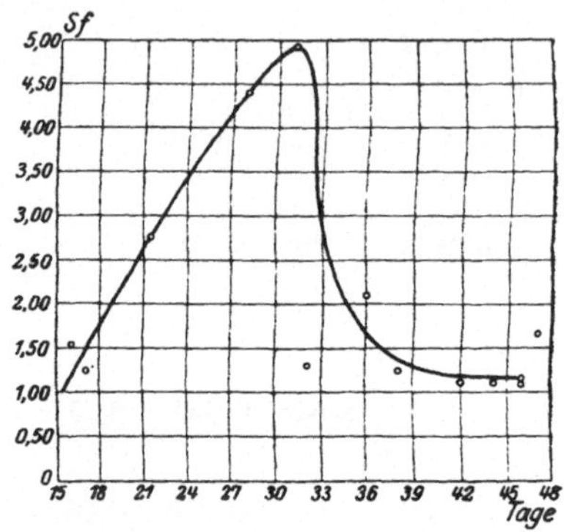

Abb. 6. Phaseolus vulgaris (Blätter).

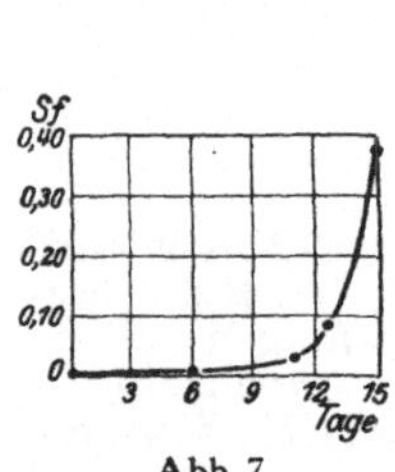

Abb. 7.
Phaseolus multiflorus
(Kotyledone).

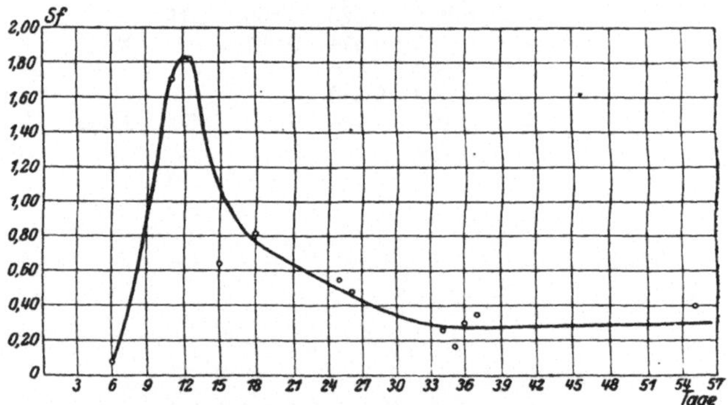

Abb. 8. Phaseolus multiflorus (Blätter).

man zuerst die kleinen Keimpflanzen, bei denen Stiel und Wurzel
noch nicht entwickelt sind, so sieht man, daß die Amylasewirkung,
berechnet auf das Trockengewicht, doppelt so groß in den Endospermen
wie in den Schildchen ist. *Moritz* und *Morris*[1]) haben die Verteilung

---

[1]) *Moritz* und *Morris*, Handb. d. Brauwiss. 1893.

der Diastasewirkung in viertägigen Roggenkeimlingen untersucht. Sie kamen zu folgendem Resultat:

In 50 Hälften des Endosperms (beim Embryo) 9,7970
„ 50   „   „   „   (das andere Ende) . . . 3,5310
„ Wurzeln der 50 Keimlinge 0,0681
„ Blättern der 50 Keimlinge 0,0456
„ Schildchen der 50 Keimlinge 0,5469

Betreffend diese Werte ist jedoch zu bemerken, daß sie nicht für ein und dasselbe Gewicht berechnet sind, und daß die verschiedenen Pflanzenteile in diesen Entwicklungsstadien ganz verschiedene Größen haben. Man kann daher aus diesen Angaben nicht sicher bestimmen, in welchem Teil die Zellen am reichsten an Enzymen sind, mit Ausnahme der Endosperme, welche bedeutend mehr als die übrigen Teile enthalten.

Grüss[1]) hat auf ähnliche Weise die Keimpflanzen von Zea Mays untersucht. Die Amylasewirkung war folgendermaßen verteilt:

Schildchen . . . . . 0,122 g Maltose
Aleuronschichten . . 0,063 g   „
Endosperme . . . . 0,073 g   „

Hier ist die Wirkung bedeutend größer in den Schildchen als in den Endospermen. Dies stimmt auch überein mit den Resultaten, die *Linz*[2]) erhielt, welcher ebenfalls Maissamen untersuchte. Die hier angegebenen Werte sind auf 1 g Trockengewicht berechnet und können deswegen besser verglichen werden.

Embryonen ohne Schildchen 26
Schildchen 134
Endosperm 10,1

Betrachtet man nun, wie sich die Verhältnisse bei etwas mehr entwickelten Pflanzen gestalten, so zeigen die von mir erhaltenen Resultate, wie bereits darauf hingewiesen, daß die Amylasewirkung dort am größten ist, wo die größte Neubildung von Zellen stattfindet, d. h. in den Blattknospen. Im folgenden werden einige Versuche angegeben, welche die Verteilung der Amylase in den Blättern, Stielen und Schildchen näher zeigen.

Die Versuche wurden mit Phaseolus vulgaris ausgeführt. In einem früheren Entwicklungsstadium wurde die Amylasewirkung in jedem Pflanzenteil einzeln bestimmt. Die Länge der Wurzel betrug 2,5 bis 3,5 cm, des Stiels 1,5 bis 2 cm und der Blätter 0,7 bis 0,8 cm. Für die Bestimmung wurden acht Keimpflanzen verwendet. Folgende Werte auf *Sf* ergaben sich:

	Sf	Beilagen
Blätter	0,795	115
Stiele	0,234	116
Wurzel	0,0775	117

---

[1]) *Grüss*, Ber. d. deutsch. bot. Ges. **13**, 2, 1895.
[2]) *Linz*, Jahrb. f. wiss. Bot. **29**, 267, 1896.

Die Amylasewirkung wurde in verschiedenen Teilen des Stieles ein und desselben Exemplars bestimmt. Größe der Pflanze 10 cm.

I. Stiel oberhalb der Kotyledone . . . . 3,0 cm
II. Obere Hälfte des Stieles unter den Kotyledonen . . . 2,5 „
III. Untere Hälfte des Stieles unter den Kotyledonen . 2,5 „
IV. Wurzel. . . . . —

	k	Sf	Beilagen
I.	0,0255	0,481	118
II.	0,0235	0,376	119
III.	0,0147	0,240	120
IV.	0,000	0	121

Die Amylasewirkung ist also am stärksten im oberen Teile des Stieles und nimmt gegen die Wurzel zu ab, wo sie in diesem Entwicklungsstadium gleich Null ist. In dem vorher angegebenen Versuch war jedoch auch in der Wurzel Amylase enthalten.

In den folgenden Versuchen wurde die Verteilung der Amylase in den Kotyledonen untersucht. Die Kotyledone wurden in drei Teile eingeteilt: I. das basale Kotyledonstück, II. das mittlere Kotyledonstück, III. das Endstück.

Tabelle X. Beilagen 122 bis 127.

	Länge der Pflanze 8 cm		Länge der Pflanze 10 cm. Die Kotyledone fangen an zu verwelken	
	k	Sf	k	Sf
I	0,24	1,69	0,162	1,46
II	0,173	0,96	0,150	0,87
III	0,120	1,05	0,158	1,04

Die Verteilung der Amylase ist folglich hier so, daß die Wirkung am stärksten in der nächsten Nähe des Stieles und am schwächsten in der Mitte ist.

Ähnliche Versuche sind von *Grüss*[1]) ausgeführt worden, wenn zwar seine Versuchsmethode eine andere war. Er extrahierte nämlich mit Glycerin und bestimmte darauf die reduzierende Fähigkeit des Glycerinextraktes. Seine Werte sind nicht auf ein gleichmäßiges Gewicht berechnet, sondern er gibt an, wieviel CuO durch den Extrakt aus den verschiedenen Pflanzenteilen reduziert wird. Die Versuchspflanze war auch hier Phaseolus. Er fand die Amylase so verteilt, daß der obere Teil des Stieles am meisten enthielt, die Menge sank in den Kotyledonen, und im Stiele unter den Kotyledonen war am wenigsten vorhanden. Was die Verteilung innerhalb der Kotyledone selbst anbetrifft, seien folgende Resultate erwähnt:

	Junge Pflanzen	Ältere Pflanzen
das basale Kotyledonenstück . .	0,042 g CuO	0,046 g CuO
„ mittlere „ . .	0,064 g „	0,074 g „
„ Endstück	0,034 g „	0,088 g „

---

[1]) *Grüss*, Pringsheims Jahrb. f. wiss. Bot. **26**, 379, 1894.

Er fand im Gegenteil zu meinem Resultat, daß die Amylasewirkung bei jungen Pflanzen am größten in dem mittleren Teile des Kotyledons war. Weil seine Werte nicht auf ein gleichmäßiges Gewicht berechnet sind, hängen sie von den verschiedenen Größen der Kotyledonenteile ab. Den Umstand, daß in älteren Pflanzen die Enzymwirkung im basalen Teil im Verhältnis zu den übrigen Teilen sich vermindert, erklärt er so, daß das Enzym in diesem Teile, welcher in direkter Verbindung mit den übrigen Teilen der Pflanze steht, zuerst verbraucht wird.

b) Amylase in Knospen und Blättern einiger Bäume.

Bei den vorhergehenden Untersuchungen handelt es sich um das Verhalten der Amylasewirkung während der Keimung und der darauf eintretenden kräftigen Wachstumsperiode. Inwieweit der Amylasegehalt später während längerer Zeitabschnitte größeren Veränderungen unterworfen ist, war nicht früher der Gegenstand von Untersuchungen gewesen, mit Ausnahme solcher, bei denen es sich um den Einfluß durch den Lichtwechsel im Laufe des Tages auf die Amylasewirkung handelte und welche später beschrieben werden sollen.

Da man von verschiedenen Exemplaren ein und derselben Art, welche unter verschiedenen äußeren Voraussetzungen wachsen, annehmen kann, daß sie variierenden Enzymgehalt haben, wäre es wünschenswert, stets Blätter von ein und demselben Exemplar zu vergleichen. Da kleinere Pflänzchen nicht einer größeren Menge ihrer Blätter beraubt werden können, ohne daß sie Schaden nehmen, war es notwendig, mit größeren Pflanzen zu arbeiten. Auf Grund dessen sind Untersuchungen über die Amylasewirkung in Blättern einer Reihe von Laub- und Nadelbäumen ausgeführt worden.

Um zu untersuchen, inwiefern die Amylasewirkung in Blättern, die sich an verschiedenen Teilen des Baumes befinden und folglich verschieden starker Beleuchtung ausgesetzt sind, einigermaßen gleich verteilt ist, wurden nachstehende Versuche mit Ulmus scabra ausgeführt.

Am 5. Juli wurden Blätter von verschiedenen Teilen des Baumes entnommen. Ein Teil war stark besonnt gewesen, ein Teil halbbesonnt, und der dritte Teil war in vollständigem Schatten gewachsen. Trotzdem wurden beinahe exakt gleiche Werte auf *Sf* von allen drei Proben erhalten, nämlich:

	Sf	Beilagen
vollbesonnte Blätter	0,0088	512
halbbesonnte „	0,0088	513
Schattenblätter	0,0091	514

Nachstehend werden die mit verschiedenen Bäumen erhaltenen Resultate angegeben. Die Untersuchungen bezogen sich sowohl auf die Amylasewirkung in Blattknospen und den jungen Blättern, wie auch in fertig entwickelten Blättern zu verschiedenen Zeitpunkten während des Sommers.

Populus tremula L.   Beilagen
27. VI.   *Sf* = 0,0195   Voll entwickelte Blätter 128
26. IX.   0,0279   ,,   ,,   ,, ... 129
10. X.   0,0055   Die Blätter haben angefangen gelb zu werden 130
      Salix caprea L.
19. IX.   *Sf* = 0,0026   Blütenknospen 131
6. X.   0,0094   Blattknospen 132
27. VI.   0,0063   Voll entwickelte Blätter 134
19. IX.   0,0071   ,,   ,,   ,, ... 133
      Corylus avellana L.
5. XII.   *Sf* = 0,00049 Männliche Blütenkätzchen, 1 bis 2 cm lang   140
28. I.   0,0020   ,,   ,,   2 cm ,, . 141
12. V.   0,0010   ,,   ,,   3 bis 4 cm ,, . 135
                Als die zwei ersten Proben entnommen wurden,
                war die Temperatur unter 0º C.
12. V.   0,0027   Blattknospen, 1 cm lang 136
20. VI.   0,0022   Voll entwickelte Blätter . . . . · . . . 137
22. IX.   0,0051   ,,   ,,   ,, ... 138
14. X.   0,0025   Die Blätter haben angefangen gelb zu werden 139
      Betula alba L.
27. VI.   *Sf* = 0,0041   Voll entwickelte Blätter 142
19. IX.   0,0058   ,,   ,,   ,, ... 143
      Alnus glutinosa Gaertn.
23. I.   *Sf* = 0,0128   Kätzchen, Temperatur unter 0º C 144
      Fagus silvatica L.
12. V.   *Sf* = 0,0025   Blattknospen, 2 bis 2,5 cm lang 145
27. VI.   0,0028   Voll entwickelte Blätter 146
26. IX.   0,0050   ,,   ,,   ,, ... 147
10. X.   0,0047   ,,   ,,   ,, ... 148
18. X.   0,0028   Die Blätter haben angefangen gelb zu werden 149
      Quercus robur L.
27. VI.   *Sf* = 0,0016   Voll entwickelte Blätter 150
26. IX.   0,0081   ,,   ,,   ,, ... 151
18. X.   0,0015   Die Blätter haben angefangen gelb zu werden 152
      Ulmus scabra Mill.
8. V.   *Sf* = 0,0577   Blattknospen, 2 bis 2,5 cm lang 153
16. V.   0,0604   Blätter, 2,5 bis 3,5 cm lang 154
29. V.   0,0227   Voll entwickelte Blätter 155
8. VI.   0,0133   ,,   ,,   ,, ... 156
22. IX.   0,0130   ,,   ,,   ,, ... 157
27. IX.   0,0056   ,,   ,,   ,, ... 158
30. IX.   0,0098   ,,   ,,   ,, ... 159
14. X.   0,0026   Die Blätter haben angefangen gelb zu werden 160
      Sorbus suecica Krok
22. V.   *Sf* = 0,0076   Blätter, 2,5 bis 3,5 cm lang 161
29. V.   0,0072   Voll entwickelte Blätter 162
22. IX.   0,0043   ,,   ,,   ,, ... 163
      Sorbus aucuparia L.
12. V.   *Sf* = 0,0246   Blätter, 2,5 cm lang 164
27. VI.   0,0037   Voll entwickelte Blätter 165
8. IX.   0,0071   ,,   ,,   ,, ... 166

Prunus padus L.

<table>
<tr><td>11 V.</td><td>$Sf = 0,0068$</td><td>Blattknospen, 2 cm lang</td><td>168</td></tr>
<tr><td></td><td>0,0064</td><td>Blätter bei den Blütendolden, 2 cm lang.</td><td>169</td></tr>
<tr><td></td><td>0,0357</td><td>Blütenknospen</td><td>167</td></tr>
<tr><td>16. V.</td><td>0,0077</td><td>Blätter, 2,5 bis 3 cm lang</td><td>170</td></tr>
<tr><td>29. V.</td><td>0,0025</td><td>Voll entwickelte Blätter</td><td>171</td></tr>
</table>

Acer platanoides L.

<table>
<tr><td>22. V.</td><td>$Sf = 0,0000$</td><td>Blüten</td><td>172</td></tr>
<tr><td></td><td>0,0034</td><td>Blätter, 3 bis 3,5 cm lang</td><td>173</td></tr>
<tr><td>8. VI.</td><td>0,0038</td><td>Voll entwickelte Blätter</td><td>174</td></tr>
<tr><td>14. IX.</td><td>0,0019</td><td>„   „   „</td><td>175</td></tr>
</table>

Aesculus hippocastanum L.

In diesen Beispielen sind die Proben nicht nach der Zeit geordnet, nach welcher sie entnommen sind, sondern nach dem Entwicklungsstadium. Auf diese Weise wird eine bessere Übersicht gewonnen.

<table>
<tr><td>12. IV. 21</td><td>$Sf = 0,0185$</td><td>Blattknospen, 1 cm lang, 0,5 cm breit, noch nicht entfaltet</td><td>176</td></tr>
<tr><td>19. IV. 21</td><td>0,0140</td><td>Blattknospen, 2 cm lang, die Blätter beginnen sich zu entfalten</td><td>177</td></tr>
<tr><td>12. IV. 21</td><td>0,0202</td><td>Blattknospen wie vorher</td><td>178</td></tr>
<tr><td>25. IV. 21</td><td>0,0203</td><td>„   3 cm lang.</td><td>179</td></tr>
<tr><td>12. IV. 21</td><td>0,0236</td><td>„   4 cm „</td><td>180</td></tr>
<tr><td>12. IV. 21</td><td>0,0069</td><td>Dieselbe Knospe wie vorher, aber nur die Knospenhülle</td><td>181</td></tr>
<tr><td>19. IV. 21</td><td>0,0158</td><td>Blätter, jeder Zipfel 3 bis 4,5 cm lang</td><td>182</td></tr>
<tr><td>25. IV. 21</td><td>0,0151</td><td>Blätter, jeder Zipfel im Durchschnitt 3,5 cm lang.</td><td>183</td></tr>
<tr><td>25. IV. 21</td><td>0,0176</td><td>Blätter, jeder Zipfel im Durchschnitt 5 cm lang.</td><td>184</td></tr>
<tr><td>19. IV. 21</td><td>0,0341</td><td>Blütenknospen, ganze Dolden 3 cm</td><td>185</td></tr>
<tr><td>7. IX. 21</td><td>0,0019</td><td>Voll entwickelte Blätter</td><td>186</td></tr>
<tr><td>27. IX. 21</td><td>0,0037</td><td>„   „   „</td><td>187</td></tr>
<tr><td>30. IX. 21</td><td>0,00099</td><td>Die Blätter haben angefangen gelb zu werden</td><td>188</td></tr>
<tr><td>27. IX. 21</td><td>0,0034</td><td>Knospen, 1,5 bis 2 cm lang</td><td>189</td></tr>
<tr><td>30. IX. 21</td><td>0,00077</td><td>„   1,5 bis 2 cm „</td><td>190</td></tr>
<tr><td>8. V. 22</td><td>0,0123</td><td>Blattknospen, 2,5 cm lang</td><td>191</td></tr>
<tr><td>22. V. 22</td><td>0,0063</td><td>Blätter, jeder Zipfel 5,5 bis 10 cm lang</td><td>192</td></tr>
<tr><td>29. V. 22</td><td>0,0034</td><td>Voll entwickelte Blätter</td><td>193</td></tr>
<tr><td>8. VI. 22</td><td>0,0031</td><td>„   „   „</td><td>194</td></tr>
<tr><td>19. VI. 22</td><td>0,0011
—0,0016</td><td>Die Proben wurden zu verschiedenen Zeiten des Tages entnommen</td><td>195—197</td></tr>
<tr><td>8. VI. 22</td><td>0,0048</td><td>Blüten</td><td>198</td></tr>
</table>

Tilia europea L.

<table>
<tr><td>27. VI.</td><td>$Sf = 0,0097$</td><td>Voll entwickelte Blätter</td><td>199</td></tr>
<tr><td>26. IX.</td><td>0,0232</td><td>„   „   „</td><td>200</td></tr>
</table>

Fraxinus excelsior L.

<table>
<tr><td>27. IV.</td><td>$Sf = 0,0066$</td><td>Blütenknospen, 1,5 cm lang</td><td>201</td></tr>
<tr><td>17. IV.</td><td>0,0261</td><td>Blattknospen.</td><td>202</td></tr>
<tr><td>14. VI.</td><td>0,0031</td><td>Voll entwickelte Blätter</td><td>203</td></tr>
<tr><td>1. IX.</td><td>0,0079</td><td>„   „   „</td><td>204</td></tr>
</table>

Fraxinus excelsior L. (Fortsetzung).

13. IX.	$Sf = 0{,}0012$	Voll entwickelte Blätter	205
15. IX.	0,0016	,, ,, ,, ...	206
26. IX.	0,0072	,, ,, ,, ...	207
30. IX.	0,0086	,, ,, ,, ...	208
5. X.	0,0036	Die Blätter haben angefangen gelb zu werden	209
10. X.	0,0050	,, ,, ,, ,, ,, ,, ,,	210
17. X.	0,0018	,, ,, ,, ,, ,, ,, ,,	211
21. X.	0,0024	,, ,, ,, ,, ,, ,, ,,	212
25. X.	0,0033	,, ,, ,, ,, ,, ,, ,,	213

Zum Vergleich mit diesen Resultaten sei erwähnt, daß Sf bei Malz = 0,50 bis 3,50 ist. Die Stärke der Amylasewirkung ist sehr variierend bei den verschiedenen Baumarten. Der Wert von Sf variiert bei den untersuchten Arten in voll entwickelten frischen Blättern von 0,0012 (Fraxinus excelsior) bis 0,0279 (Populus tremula). Das Verhalten der Enzymwirkung in den Knospen und jungen Blättern erinnert an die Resultate, die mit Keimpflanzen von den Phaseolusarten erhalten wurden. Während des Winters, wenn die Knospen ruhen, ist die Amylasewirkung recht unbedeutend, wenngleich sich auch da Amylase vorfindet (Corylus, Aesculus). Auch wenn die Temperatur unter 0^0 C war, wurde eine Wirkung beobachtet. Die Kätzchen von Alnus wiesen sogar eine ungewöhnlich kräftige Amylasewirkung an einem solchen Tage auf. Wenn die Knospen in ihre Wachstumsperiode kommen, beginnt auch die Amylasewirkung zu steigen und fährt damit fort, bis die Blätter eine gewisse Größe erreicht haben. Dann nimmt die Enzymmenge wieder etwas ab. In einigen der untersuchten Fälle ist dann wieder eine kleine Steigerung gegen den Herbst zu bemerkbar. Fraxinus excelsior, dessen Amylasewirkung während der Monate September und Oktober untersucht wurde, zeigt, daß diese an verschiedenen Tagen bedeutend variieren kann, ohne irgendwelchen bemerkbaren äußeren Anlaß. Wenn die Blätter später im Herbst anfangen zu verwelken und gelb zu werden, nimmt der Enzymgehalt wieder ab.

Auch in Blüten und Blütenknospen findet sich Amylase vor. Diese verändert sich während des Ausschlagens der Knospen auf dieselbe Art wie in den Blättern.

Ein besonderes Interesse erbieten die Nadelbäume, deren Nadeln das ganze Jahr hindurch am Baume bleiben und man also bei diesen die Amylasewirkung auch während des Winters untersuchen kann. Bei niedriger Temperatur wird die Glykosemenge in den Blättern sehr gesteigert. Dies steht im Zusammenhang damit, daß Zucker, besonders Glykose, die Widerstandskraft der Pflanzenzellen gegen Kälte erhöht. Eine solche Schutzwirkung ist abhängig von der Lage des eutektischen Punktes des in Frage kommenden Stoffes. Diese Glykose wird zum großen Teil von der Stärke, die in der Pflanze vorhanden ist, gebildet. Darum hat die Amylase während des Winters eine große Aufgabe bei den Nadelbäumen zu erfüllen. Die Nadeln können im Winter sehr oft ganz und gar eingefroren sein, ohne daß sie den kleinsten Schaden erleiden.

Um das Verhalten der Amylase in Nadelbäumen zu untersuchen, sind einige längere Versuchsserien mit Picea abies und Pinus silvestris ausgeführt worden. Die Resultate sind in den nachstehenden Tabellen XI bis XV zusammengestellt. Um die Variationen in der Enzymwirkung besser zu veranschaulichen, sind die Resultate auch graphisch aufgezeichnet (Abb. 9 bis 11). Es ist jedoch zu bemerken, daß diese Kurven nicht alle eintretenden Veränderungen aufweisen, da die Proben im allgemeinen periodisch mit je einer Woche Zwischenzeit entnommen wurden. Sie wurden jedesmal zur selben Tageszeit entnommen und jede Tabelle bezieht sich auf ein und denselben Baum. Ferner stammen die Proben von ein und demselben Teil des Baumes, um Variationen, die auf verschiedenen äußeren Umständen beruhen, möglichst auszuschließen.

Tabelle XI.

Picea abies I (9^{h}30′ vorm.).   (Beilagen 214 bis 241).

Tag	$Sf . 10^4$	Tag	$Sf . 10^4$	Tag	$Sf . 10^4$
Ältere Zweige		26. I. 21	35	26. IV. 21	39
31. X. 20	64	7. II.	48	19. IX.	28
7. XI.	53	14. II.	47	6. X.	31
16. XI.	36	21. II.	38	25. X.	31
23. XI.	61	1. III.	33	Knospen	
29. XI.	55	8. III.	41	26. IV. 21	16
6. XII.	47	15. III.	55	Jahressprößlinge	
16. XII.	33	21. III.	61	8. IX. 21	37
3. I. 21	54	1. IV.	25	19. IX.	20
12. I.	47	11. IV.	24	6. X.	20
20. I.	64				

Tabelle XII.

Picea abies II (1^{h}00′ nachm.).   (Beilagen 242 bis 258.)

Tag	$Sf . 10^4$	Tag	$Sf . 10^4$	Tag	$Sf . 10^4$
Ältere Zweige		5. XII. 21	20	Knospen	
1. IX. 21	18	11. I. 22	22	24. V. 22	0
14. IX.	38	28. I.	15	Jahressprößlinge	
10. X.	42	13. II.	19	1. IX. 21	19
18. X.	24	24. V.	28	14. IX.	25
9. XI.	48	20. VI.	20	6. VI. 22	0
22. XI.	60			20. VI.	0

Picea abies III (8^{h}30′ vorm.).   6. VI. 22.

	Sf	Beilagen
Ältere Zweige	0,0027	259
Jahressprößlinge (3 cm) . .	0	260

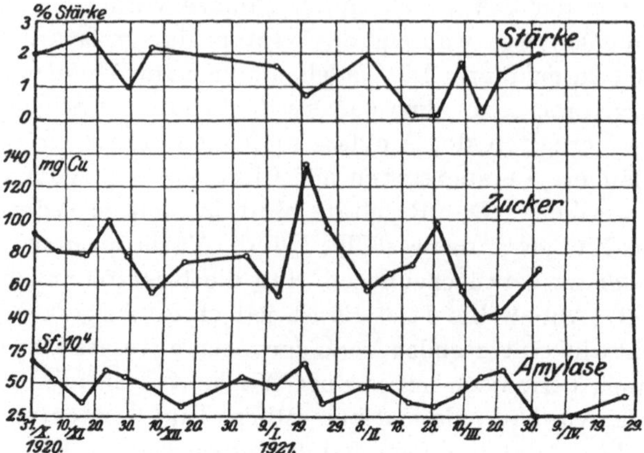

Abb. 9. Picea abies I.

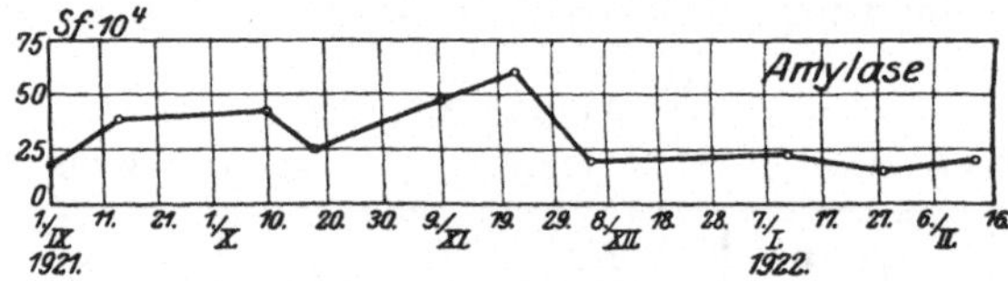

Abb. 10. Picea abies II.

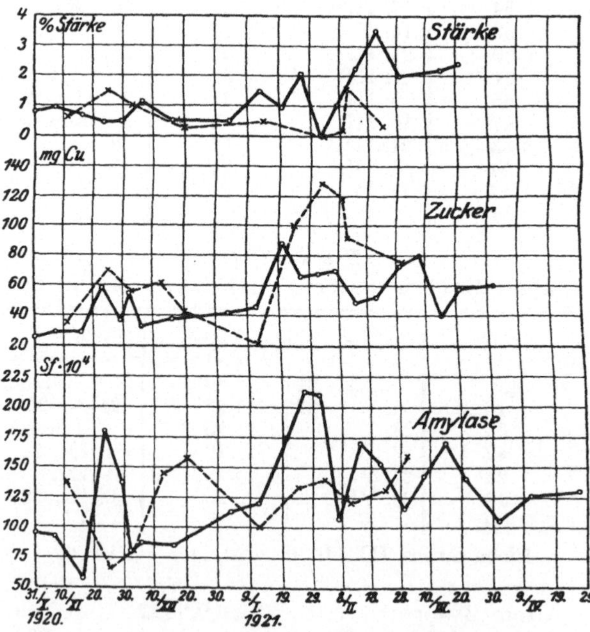

Abb. 11. Pinus silvestris (I ausgezogene Kurven, II gestrichelte Kurven).

Tabelle XIII.

Pinus silvestris I ($9^h 30'$ vorm.).   (Beilagen 261 bis 293.)

Tag	$Sf \cdot 10^4$	Tag	$Sf \cdot 10^4$	Tag	$Sf \cdot 10^4$
Ältere Zweige		26. I. 21	212	8. IX. 21	101
31. X. 20	95	1. II.	209	6. X.	37
7. XI.	92	7. II.	107	25. X.	55
16. XI.	58	14. II.	171	7. XI.	73
23. XI.	179	21. II.	152	21. XI.	73
29. XI.	133	1. III.	115	23. I. 22	102
2. XII.	81	8. III.	142		
6. XII.	88	15. III.	170	**Knospen**	
16. XII.	86	21. III.	140	21. II. 21	23
3. I. 21	112	1. IV.	106	11. IV.	23
12. I.	121	11. IV.	126	26. IV.	19
20. I.	175	26. IV.	130	21. XI.	0

Tabelle XIV.

Pinus silvestris II ($1^h 00'$ nachm.).   (Beilagen 294 bis 307.)

Tag	$Sf \cdot 10^4$	Tag	$Sf \cdot 10^4$	Tag	$Sf \cdot 10^4$
Ältere Zweige		12. I. 21	99	23. II. 21	131
11. XI. 20	137	24. I.	134	2. III.	160
25. XI.	66	2. II.	139	24. V. 22	43
3. XII.	79	9. II.	124		
13. XII.	145	11. II.	119	**Knospen**	
20. XII.	157			24. V. 22	0

Tabelle XV.

Pinus silvestris III ($1^h 00'$ nachm.).   (Beilagen 308 bis 325.)

Tag	$Sf \cdot 10^4$	Tag	$Sf \cdot 10^4$	Tag	$Sf \cdot 10^4$
Ältere Zweige		14. IX. 21	18	6. VI. 22	27
7. III. 21	89	10. X.	19	20. VI.	22
14. III.	44	18. X.	13	**Knospen**	
31. III.	66	5. XII.	15	25. IV. 21	15
6. IV.	69	11. I. 22	32	**Jahressprößlinge**	
25. IV.	34	28. I.	22	6. VI. 22	0
1. IX.	19	13. II.	18	20. VI.	0

Pinus silvestris IV ($8^h 30'$ vorm.).   6. VI. 22.

	Sf	Beilagen
Ältere Zweige	0,0026	326
Blumen	0,0021	327

Die Variationen in der Amylasewirkung sind ziemlich groß, wenn
auch für einige Bäume recht konstante Werte erhalten wurden. Ein
wesentlicher Unterschied aber betreffend die Stärke der Amylasewirkung während verschiedener Jahreszeiten konnte nicht beobachtet

werden. Dieses könnte darauf hindeuten, daß der Umsatz von Stärke in den Nadeln im Durchschnitt während des ganzen Jahres gleichmäßig ist. Nicht einmal, wenn die Temperatur bedeutend unter 0^0 C sank, die Nadeln gefroren und mit einer Eisschicht bedeckt waren, wurde die Amylasewirkung herabgesetzt. Hierbei muß natürlich berücksichtigt werden, daß die Bestimmungen stets bei 40^0 ausgeführt wurden. Da die Enzymwirkung ziemlich von der Temperatur abhängt, ist die Wirkung in den Nadeln also nicht so groß. In diesem Zusammenhang sei ein Versuch erwähnt, welcher mit Amylasen von Kiefernnadeln betreffend deren Temperaturempfindlichkeit ausgeführt wurde. Die Stärkespaltung wurde bei verschiedenen Temperaturen vorgenommen. Folgende Resultate ergaben sich:

Temperatur	17^0	31^0	40^0	50^0
k relativ	38,6	80,3	100	82,0

Diese Versuche zeigen, daß bei gewöhnlicher Zimmertemperatur die Amylasewirkung nur den dritten Teil des Wertes, der bei 40^0 erhalten wird, erreicht.

Betrachtet man die Amylasewirkung in den Knospen und den jungen Schößlingen, so ist die eigentümliche Tatsache vorhanden, daß hier die Wirkung bedeutend schwächer als in den älteren Nadeln ist. Zwar konnte in den Knospen während des Winters eine Wirkung beobachtet werden, in den jungen Schößlingen ist sie aber stets zu klein gewesen, als daß man sie hätte bestimmen können. Noch im September, wo man an den helleren Farbentönen die diesjährigen Schößlinge von den älteren Teilen unterscheiden kann, ist die Enzymwirkung etwas geringer in den erstgenannten. (Tab. XI und XII.)

c) Die Veränderung der Amylasewirkung im Laufe eines Tages.

Der Beweis ist leicht zu erbringen, daß energisch assimilierende Laubblätter bei genügender Lichtintensität und Temperatur im Laufe des Tages in ihren Chloroplasten oft relativ sehr große Stärkemengen ansammeln. Viele Pflanzen verbrauchen in den Nächten diese aufgespeicherte Stärke vollständig und die Blätter erscheinen früh am folgenden Morgen gänzlich stärkefrei. Es ist daher nicht schwer, die Überzeugung zu gewinnen, daß es sich bei der tagsüber stattfindenden Stärkeansammlung um einen Überschuß an assimiliertem Material handelt, welcher den bei Tag und Nacht stattfindenden Abfluß von Zucker stark überwiegt, und daß daher die Stärke als Reservestoff zu betrachten ist. Das Verschwinden der Stärke dürfte ganz und gar den Amylasen zugeschrieben werden können.

Brown und *Morris*[1]) haben die Veränderung der Amylasewirkung im Verlaufe eines Tages mit Blättern von Tropaeolum majus und Hydrocharis morsus ranae untersucht. Sie kamen zu dem Resultat, daß die Enzymwirkung während der Nacht größer als am Tage war. Ebenso wurde dieselbe erhöht, wenn die Blätter im Dunkeln aufbewahrt wurden. Sie erklärten diesen Umstand so, daß Neubildung und Verbrauch von Enzym ständig vor sich geht. Während des Tages, wo die Stärkemenge groß ist, wird mehr Enzym verbraucht als während der Nacht und nach einer Zeit der Aufbewahrung im Dunkeln, wo sämtliche Stärke sehr bald gespalten ist.

Diese Beobachtungen konnte *Eisenberg*[2]) nicht bestätigen. Er beobachtete keinen direkten Einfluß durch die Lichtverhältnisse auf die Diastasemenge in Blättern von Pisum sativum. Dagegen fand er, daß stärkereiche, gut besonnte Blätter einer Pflanze diastasereich sind, während stärkefreie Schattenblätter desselben Pflanzenindividuums viel weniger Diastase führen.

Diese beiden Aussprüche stehen somit im direkten Gegensatz zueinander. Um dies näher zu untersuchen, sind folgende Versuche ausgeführt worden.

A. Versuche mit Phaseolus vulgaris.

Um sicher zu sein, daß nicht zufällige Ungleichheiten in verschiedenen Teilen ein und derselben Pflanze einwirken können, wurden für die Versuche entweder zwei gleichbelegene entgegengesetzte Blätter oder auch zwei Zipfel ein und desselben Blattes genommen.

Die mit vollbesonnten Pflanzen ausgeführten Versuche fielen recht ungleichmäßig aus. In einigen Fällen fand eine Steigerung während des Verlaufs des Tages statt, in anderen Fällen Verminderung oder keine nennenswerte Veränderung.

Tabelle XVI.

Direktem Sonnenlicht ausgesetzte Pflanzen. (Beilagen 328 bis 339.)

5. IV.		20. IV.				22. IV.				23. IV.	
Tageszeit	*Sf*	Tageszeit	*Sf*	Tageszeit	*Sf*	Tageszeit	*Sf*	Tageszeit	*Sf*	Tageszeit	*Sf*
vorm. 9h 30′	1,97	vorm. 10h 00′	1,14	vorm. 10h 00′	3,14	vorm. 10h 00′	1,07	vorm. 10h 00′	1,18	vorm. 9h 45′	1,66
nachm. 2h 30′	3,06	nachm. 4h 00′	0,57	nachm. 4h 00′	1,28	nachm. 2h 00′	1,33	nachm. 4h 00′	1,21	nachm. 2h 00′	1,85

[1]) *Brown* und *Morris*, Journ. Chem. Soc. **63**, 604, 1893.
[2]) *Eisenberg*, Flora **97**, 347, 1907.

Tabelle XVII.

Nicht direktem Sonnenlicht ausgesetzte Pflanzen. (Beilagen 340 bis 343.)

20. IV.		23. IV.	
Tageszeit	Sf	Tageszeit	Sf
vorm. $10^h\,00'$	0,94	vorm. $9^h\,45'$	0,76
nachm. 4 00	0,78	nachm. 2 00	0,81

Tabelle XVIII.

Nachdem die erste Probe entnommen, wurden die Pflanzen vollständiger Dunkelheit ausgesetzt. (Beilagen 344 bis 347.)

Stunden	Sf	Stunden	Sf
0	1,95	0	2,75
5	1,96	24	2,52

Die nicht direktem Sonnenlicht ausgesetzten Pflanzen variierten nur ganz unbedeutend. In den Fällen, wo die Pflanzen in vollständiger Dunkelheit aufbewahrt wurden, fand streng genommen irgendwelche Veränderung der Amylasewirkung nicht einmal nach 24 Stunden statt.

B. Versuche mit Phaseolus multiflorus.

Diese Pflanzenart hatte größere Blätter, aus welchem Grunde man Teile ein und desselben Blattes zu verschiedenen Zeitpunkten entnehmen konnte. Dieses macht die Versuche sicherer und unabhängiger von anderen Umständen.

Tabelle XIX.

Besonnte Pflanzen. (Beilagen 348 bis 355.)

12. IX.		19. IX. bis 20. IX.		17. X.	
Tageszeit	Sf	Tageszeit	Sf	Tageszeit	Sf
vorm. $10^h\,30'$	0,81	vorm. $10^h\,00'$	0,54	vorm. $9^h\,30'$	0,88
nachm. 4 00	0,59	nachm. 4 00	0,49	nachm. 2 00	0,79
		„ 1 00	0,48	„ 6 30	0,71

Tabelle XX.

Schattenpflanzen. (Beilagen 356 bis 363.)

12. IX.		19. IX. bis 20. IX.		17. X.	
Tageszeit	Sf	Tageszeit	Sf	Tageszeit	Sf
vorm. $10^h\,30'$	0,90	vorm. 10 00'	0,68	vorm. $9^h\,30'$	0,71
nachm. 4 00	0,90	nachm. 4 00	0,64	nachm. 2 00	0,75
		„ 1 00	0,48	„ 6 30	0,60

In diesen Beispielen sind die Variationen bedeutend kleiner als in den vorhergehenden. Sowohl in den Pflanzen, die dem Sonnenlicht ausgesetzt waren als in denen, die im Schatten gewachsen sind, ist die Amylasewirkung im großen und ganzen dieselbe während des ganzen Tages, wenn auch eine kleine Senkung beobachtet werden kann. Diese Versuche sind in einer dunklen Jahreszeit ausgeführt worden, wo es bereits nachmittags 5 Uhr vollkommen finster war, folglich hatte die Stärkebildung 6^{30} nachmittags, zu welcher Zeit die letzten Proben entnommen wurden, vollkommen aufgehört.

C. Versuche mit Aesculus hippocastanum.

Es wurden Proben zu drei verschiedenen Tageszeiten genommen (19. Juni). Jedesmal wurden zwei Blattzipfel genommen, welche alle sechs demselben Blatt angehörten.

Tabelle XXI.

(Beilagen 195 bis 197.)

Tageszeit	$10^h\,00'$ vorm.	$2^h\,00'$ nachm.	$6^h\,00'$ nachm.
Sf	0,11	0,15	0,16

D. Versuche mit Picea Abies.

Die Proben wurden am 22. Februar genommen. Als die zweite Probe nachmittags 6 Uhr genommen wurde, war es bereits dunkel.

Tabelle XXII.

(Beilagen 227 bis 227 a.)

Tageszeit	$9^h\,30'$ vorm.	$6^h\,00'$ nachm.
Sf	0,0038	0,0036

Aus diesen Versuchen geht nicht hervor, daß die Lichtverhältnisse irgendwelchen Einfluß auf die Amylasewirkung haben. Die Erhöhung der Wirkung, welche *Brown* und *Morris* in der Dunkelheit erhielten, konnte in diesen Versuchen nicht beobachtet werden, sondern noch nach 24 Stunden im Dunkeln ist die Wirkung so gut wie unverändert.

d) Das Verhältnis der Amylasebildung zum Nährsubstrat.

Die Bildung von Enzymen bei niedrigen Organismen, wie Hefe, Schimmelpilzen und anderen ist sehr abhängig davon, welche organischen und anorganischen Nahrungsmittel zu Gebote stehen. Was die Bildung der Amylase anbetrifft, so bezieht sich die Mehrzahl der

älteren Arbeiten auf Bakterien, bei welchen es sich um die von
Wortmann[1]) aufgeworfene, von *Beijerink* und anderen untersuchte
Frage handelte, ob sich Amylase überhaupt bildet, wenn keine Stärke
als Nährmaterial dargeboten wird.

Saito[2]) hat den Einfluß der Nahrung auf die Diastasebildung durch
Schimmelpilze untersucht. Durch mit Kulturen von Aspergillus Oryzae
vorgenommene Versuche stellte er fest, daß bei organischen N-Quellen
stets Bildung von Diastase stattfand. Bei Glycerin bzw. Mannit $+ NH_4NO_3$
wurde Diastase nur im Mycelbrei nachgewiesen. War $(NH_4)_2SO_4$ oder
NH_4Cl die N-Quelle, so wurde Diastase nur dann gebildet, wenn Stärke
die einzige C-Quelle war. Hiernach wirkt also die N-Quelle wesentlich
auf die Bildung von Diastase ein. Nach *Kylin*[3]) bildet Penicillium glaucum
und Aspergillus niger Diastase, auch wenn die Kulturflüssigkeit keine
Stärke enthält. Auf Stärke kultiviert wird die Diastasemenge in hohem
Grade vergrößert. *Euler* und *Asarnoj*[4]) haben Versuche mit Aspergillus
niger ausgeführt. In stärkehaltigen Nährlösungen bildeten Schimmelpilze
bedeutend mehr Amylase als in Rohrzuckerlösungen. Bei Zusatz von
Pepton zu diesen C-Quellen erhöhte sich die Amylasemenge bedeutend.

In einer früheren Arbeit ist von mir[5]) die Abhängigkeit der Amylasebildung von dem Nährmaterial an einigen Grünalgen untersucht worden.
Die untersuchten Algen gehörten den Gattungen Ulothrix, Cladophora
und Spirogyra an. Die Amylasewirkung wurde laut *Wohlgemuths* Methode
bestimmt. Nachstehend werden die erhaltenen Resultate in Tabellen
angegeben. Die Ziffern geben den Wert auf $D_{24\,St.}^{50^0}$, berechnet auf 1 g
Trockengewicht an, d. h. wieviel Kubikzentimeter 1proz. Stärkelösung
in 24 Stunden bei 50° so weit gespalten wird, daß die Lösung nicht mehr
von Jod blau gefärbt wird.

Tabelle XXIII.

0,5% Stärke.

Tage	Ulothrix		Spirogyra	
	mit	ohne	mit	mit
0	5,4	5,4	< 3	< 2,5
1	14	—	—	—
2	22	5,0	4,5	< 3
3	—	—	8,8	—
4	19	5,0	18	—
6	—	—	—	9,3
7	—	—	22	12
8	—	—	—	11
9	—	—	—	17

[1]) *Wortmann*, Zeitschr. f. physiol. Chem. **6**, 319, 1882.
[2]) *Saito*, Wochenschr. f. Brauw. **27**, 181, 1910.
[3]) *Kylin*, Jahrb. f. wiss. Bot. **53**, 465, 1914.
[4]) *Euler* und *Asarnoj*, Fermentf. **3**, 318, 1920.
[5]) *Sjöberg*, l. c.

Tabelle XXIV.
0,25% Stärke.

Tage	Ulothrix		Cladophora fracta		Spirogyra	
	mit	ohne	mit	ohne	mit	mit
0	5,4	5,4	9,8	9,8	< 2	< 3
1	5,0	—	—	—	—	—
2	5,5	5,0	8,6	12	< 2	—
4	5,7	5,0	—	—	< 2,5	4,6
5	—	—	—	—	2,9	—
6	—	—	14	14	4,2	7,6
10	—	—	—	—	10	—
11	—	—	20	12	25	15

Tabelle XXV.
0,5% Rohrzucker.

Tage	Ulothrix		Cladophora glomerata				Cl. fracta	
	mit	ohne	mit	ohne	mit	ohne	mit	ohne
0	8,1	8,1	29	29	30	30	11	11
1	3,3	—	—	—	—	—	10	12
2	3,6	—	< 1,8	28	9,6	24	8,9	11
3	3,4	14	< 1,5	27	3,3	—	4,2	11
4	—	—	—	—	< 1,5	—	—	—
5	2,8	—	—	—	—	—	4,1	—
6	3,3	—	—	—	—	—	—	—

Tabelle XXVI.
0,5% Lactose.

Tage	Cladophora glomerata	
	mit	ohne
0	6,6	6,6
1	6,8	6,8
2	—	6,7
3	5,1	—
6	3,8	—
7	< 2	—

Tabelle XXVII.
0,5% Maltose.

Tage	Ulothrix mit	Cl. glomerata		Cl. fracta	
		mit	ohne	mit	ohne
0	110	30	30	11	11
1	—	22	—	10	10
2	—	14	30	—	11
3	49	—	—	3,7	11
4	40	6,8	24	—	—
5	13	< 2,5	—	—	—

Tabelle XXVIII.
0,5% Glykose.

Tage	Ulothrix		Cl. glomerata		Cl. fracta mit	Spirogyra mit
	mit	mit	mit	ohne		
0	11	23	29	29	20	15
1	9,3	18	—	—	—	—
2	7,2	13	< 2	28	—	13
3	3,5	—	< 2	27	—	—
4	2,9	4,9	—	—	7,1	—
7	—	—	—	—	—	5,1
9	—	—	—	—	—	1,6
10	—	—	—	—	—	< 1,6

Tabelle XXIX.
0,5% Galaktose.

Tage	Cl. glomerata	
	mit	ohne
0	6,8	6,8
1	5,7	6,7
2	5,7	—
5	3,7	—

Tabelle XXX.
0,1% Ca-Tartrat.

Tage	Ulothrix		Cl. glomerata		Spirogyra mit
	mit	ohne	mit	ohne	
0	29	29	5,5	5,5	< 2,2
1	32	—	—	—	—
2	71	31	5,4	5,8	—
3	140	—	5,3	4,4	< 2,2
4	160	65	—	—	—
5	310	105	6,6	—	< 2,2
7	500	240	7,1	—	2,2
9	500	—	—	—	—
10	—	—	—	—	4,0
14	—	—	—	—	3,9

Tabelle XXXI.
0,1% Ca-Lactat.

Tage	Cl. glomerata mit	Cl. fracta mit	Tage	Cl. glomerata mit	Cl. fracta mit
0	30	11	7	15	9,5
1	—	10	9	20	—
2	23	11	10	48	—
3	17	—	11	48	—
4	11	10			

Tabelle XXXII.
Kaliumphosphat.

Tage	Cladophora glomerata				Cl. fracta
	1 % pH = 7,1	0, % pH = 7,4	0 % pH = 7,0	1 % pH = 7,3	0,5 % pH = 7,4
0	7,2	7,2	7,2	6,6	10
1	—	8,4	7,9	6,5	10
2	7,2	8,1	7,0	—	9,3
3	8,4	—	—	—	9,5
4	8,9	8,2	—	7,2	—
5	—	7,6	—	—	—

Tabelle XXXIII.
Kaliumchlorid, pH = 7,0.

Tage	Cladophora glomerata			
	2 %	1 %	0,5 %	0 %
0	3,2	3,2	3,2	3,2
1	3,0	2,8	2,9	3,3
3	2,7	2,5	2,9	—
4	3,1	2,9	3,1	—
7	2,7	3,1	3,4	—

Tabelle XXXIV.
NH_4Cl, pH = 7,0.

Tage	Cl. glomerata 1 %	Tage	Cl. glomerata 1 %
0	3,3	3	2,7
2	3,4	6	2,9

Wenn die Algen in verschiedenen Nährlösungen wachsen, verändert sich die Enzymmenge höchst bedeutend. In Lösungen, welche Rohrzucker, Lactose, Maltose, Glykose oder Galaktose enthalten, vermindert sich die Amylasemenge. Nach vier Tagen ist sie in der Regel sehr klein. In Stärkelösungen dagegen nimmt die Amylase zu, welches auch nach früheren Untersuchungen zu erwarten war. Auch in Lösungen von Ca-Tartrat und Ca-Lactat wurde eine Steigerung der Amylasewirkung beobachtet. Kaliumchlorid, Kaliumphosphat und Ammoniumchlorid in der Nährlösung haben keinen Einfluß auf die Enzymbildung.

In diesem Zusammenhange kann auch eine Untersuchung von *Euler* und *af Ugglas*[1]) über die Amylasebildung in Gerstenkörner erwähnt werden. Diese wurden in Sand zum Keimen gebracht, welcher teils mit Wasser und teils mit Phosphatlösungen befeuchtet wurde. Die Amylasebestimmung

---

[1]) *Euler* und *af Ugglas*, Svenska Vet. Akad. Ark. f. Kemi **3**, Nr. 34, 1910.

wurde laut *Wohlgemuths* Methode ausgeführt. Diejenigen Körner, die unter der Einwirkung von $^1/_{10}$ n-Dinatriumphosphatlösung keimten, hatten eine 2,3mal so große Amylasewirkung wie die, welche keine Zufuhr von Phosphat hatten.

Wegen des großen Einflusses, den Stärke- und Zuckerarten auf die Amylasebildung in Grünalgen ausübten, sind einige Versuche mit diesen Nährsubstraten und höher entwickelten Pflanzen ausgeführt worden. Zu den Versuchen wurde Phaseolus vulgaris gewählt. Die Bohnen wurden in Sand, welcher mit der Nährlösung befeuchtet worden war, zum Keimen gebracht. Als die Pflanzen so groß geworden waren, daß Blätter und Stiel sich entwickelt hatten, wurden sie einzeln in Gefäße, enthaltend die Nährlösung, welche täglich erneuert wurde, überführt. Die Nährlösung enthielt von anorganischen Salzen auf 1000 ccm:

$$KNO_3 \ldots \ldots \ldots \ldots \; 0,2 \text{ g}$$
$$(NH_4)_2HPO_4 \ldots \ldots \ldots \; 0,2 \text{ g}$$
$$MgSO_4 \ldots \ldots \ldots \ldots \; 0,2 \text{ g}$$
$$CaSO_4 \ldots \ldots \ldots \ldots \; 0,2 \text{ g}$$

Versuch 1. Als organische Nährmittel wurden Stärke, Rohrzucker, Maltose und Glykose in 1proz. Lösungen angewendet. Die Resultate, die Werte von *Sf*, sind in Tabelle XXXV angegeben. Als die ersten Proben nach vier Tagen entnommen wurden, waren die Keime deutlich entwickelt, außer in Fall I, welcher keine organische Substanz erhielt. Die Keimung und das Wachstum ging in den verschiedenen Nährlösungen nicht mit gleicher Geschwindigkeit vor sich, was man mit in Berechnung ziehen muß, wenn man die verschiedenen Werte auf die Enzymwirkung miteinander vergleicht. Die Pflanzen wuchsen im großen und ganzen in gleichem Tempo in den Fällen I bis III, aber etwas langsamer in Fall IV und V. Nachstehend folgt eine Beschreibung des Entwicklungsstadiums zu der Zeit, wo die entsprechenden Proben genommen wurden.

Nach 6 Tagen: Nur die Wurzel entwickelt. 3 bis 4 cm.
,, 11 ,, Die Pflanze ganz aus der Erde hervorgekommen. Der Blattansatz tritt eben aus den Schildchen heraus.
,, 13 ,, I bis III und V: 4 cm lange Pflanzen. IV: gleich den vorhergehend beschriebenen.
,, 18 ,, I bis III: 6,5 cm. Die Pflanzen werden in die Gefäße übergeführt.
,, 22 ,, I bis III: 9 bis 10 cm. IV bis V: 5 bis 6 cm.
,, 26 ,, I bis III: 11½ bis 12½ cm.   V: 8 cm.
,, 31 ,, Wie vorher.

Gleichwie in den Keimversuchen mit Phaseolus vulgaris, welche in einem früheren Teil dieser Arbeit beschrieben sind, die Amylasewirkung in den ersten Stadien der Entwicklung sich bedeutend erhöhte, um nachher etwas in den Blättern zu sinken, so herrschte in diesen Versuchen ein ähnliches Verhältnis. Im Anfang konnte in den verschiedenen Proben kein Unterschied in der Amylasebildung beobachtet werden. Die Variationen der Werte nach vier Tagen müssen nur dem Umstand zugeschrieben werden, daß die einzelnen Exemplare verschieden weit in der Entwicklung gekommen sind und gerade hier die Enzymmenge sehr schnell zunimmt. Die Keim-

Tabelle XXXV.

(Beilagen 364 bis 438.)

Nr.	I		II		III		IV		V	
Organ. Sub·tanz	—		1 % Stärke		1 % Saccharose		1 % Maltose		1% Glykose	
Tage	Kotyle-done	Endo-sperm	Kotyle-done	Endo-sperm	Kotyle-done	Endo-sperm	Kotyle-done	Endo-sperm	Kotyle-done	Endo-sperm
0	0,0027	—	0,0027	—	0,0027	—	0,0027	—	0,0027	—
4	0,0032	—	0,0200	—	0,0210	—	0,0068	—	0,0083	—
6	0,132	—	0,111	—	0,139	—	0,119	—	0,101	—
8	0,122	0,505	0,274	0,598	0,191	0,582	0,170	0,656	0,138	0,515
11	0,635	1,69	0,760	1,64	0,657	1,34	0,377	1,38	0,347	1,06
13	1,00	2,56	1,41	3,22	1,34	2,91	0,373	1,34	1,13	3,07
18	—	—	1,70	—	—	—	—	—	1,19	—

	Blatt	Stiel	Blatt	Stiel	Blatt	Stiel	Blatt	Stiel	Blatt	Stiel
18	2,74	0,981	2,53	1,59	1,47	0,765	—	—	1,52	0,730
22	3,02	1,32	3,05	1,39	2,89	0,805	2,72	0,730	2,66	1,07
26	1,48	0,638	1,75	0,950	2,10	0,955	—	—	1,29	0,646
31	1,56	0,460	1,73	0,663	—	—	2,06	1,03	—	—

pflanze ist überhaupt anfangs ganz und gar von den Vorratsstoffen abhängig, die sich in dem Samenkorn befinden, so daß eine Verschiedenheit eigentlich nicht erwartet werden kann. Nachdem die Wurzeln sich entwickelt haben und die Pflanze beginnt, sich Nahrungsstoffe von außen zuzuführen, könnte eine Variation in der Enzymbildung eventuell auf den Stoffen beruhen, welche da zur Verfügung stehen. Hier kann man auch eine Verschiedenheit der Amylasemenge in den verschiedenen Fällen beobachten, aber die Variationen sind nicht groß. Die Pflanzen, die in Stärkelösung gewachsen waren und die, welche keinen organischen Nährstoff erhalten hatten, wiesen keinen Unterschied in der Amylasebildung in den Blättern auf. In den Stielen dagegen ist in dem ersten Falle die Wirkung etwas größer. Die Pflanzen, welche auf Zuckerarten angewiesen waren, haben eine etwas schwächere Amylasewirkung. Hier ist zwar zu bemerken, daß die Keimung und das Wachstum bei Gegenwart von Maltose und Glykose etwas langsamer vor sich ging, und auf Grund dessen die Werte im Anfang etwas niedriger sein können. Aber auch die höchsten Werte in diesen Fällen, ehe die Amylasewirkung wieder anfing zurückzugehen, sind niedriger als in Fall I und II. Man könnte also sagen, daß hier gleichwie bei den Grünalgen die Amylasebildung bei reichlicher Zufuhr von Stärke befördert wird, aber vermindert, wenn ein Überschuß an Zucker vorhanden ist. Jedoch sind, wie gesagt, die Variationen hier besonders gering, so daß irgend ein größerer Einfluß durch das den Pflanzen dargebotene Kohlehydrat nicht ausgeübt wird. Dies war auch zu erwarten, denn je höher entwickelt eine Pflanze ist, desto geringere Wirkung üben die dargebotenen Nahrungsstoffe auf sie aus.

Versuch 2. Bis die Pflanzen sich so weit entwickelt hatten, daß sie in die Gefäße überführt werden konnten, enthielt die Nährlösung keine organischen Stoffe. Dann wurde Glycerin in verschiedenen Konzentrationen zugesetzt. Glycerin kann kaum als ein chemischer Reizstoff angesehen werden, sondern dasselbe wirkt eher als osmotische Reizung. Durch Variation des osmotischen Druckes außerhalb der Pflanze wäre eine Verschiebung des Verhältnisses zwischen Stärke und Zucker innerhalb der Pflanze in der Richtung der Zuckerbildung denkbar. Dieses könnte wiederum eine Veränderung der Enzymwirkung verursachen. Die Resultate sind ersichtlich aus Tabelle XXXVI. Die Anzahl der Tage bezieht sich auf die Zeit nach der Überführung in die Nährlösungen mit Glycerin. Die Werte schwanken zwar etwas, jedoch nicht in einer bestimmten Richtung, so daß das Glycerin keinen Einfluß auf die Amylasebildung zu haben scheint. Die Stiele enthielten jedoch deutlich Glycerin.

Tabelle XXXVI. (Beilagen 439 bis 462.)

Organ. Substanz	—		1 % Glycerin		2 %		3 %		5 %	
Tage	Blatt	Stiel	Blatt	Stiel	Blatt	Stiel	Blatt	Stiel	Blatt	Stiel
2	1,23	0,845	—	—	—	—	1,92	1,00	—	—
3	2,75	1,06	2,47	0,959	2,84	0,892	3,51	1,04	—	—
4	3,94	0,865	—	—	3,77	1,02	3,29	0,825	3,17	1,03
5	1,52	0,669	—	—	—	—	1,37	0,825	—	—

In den folgenden Versuchen wurde die Nährlösung erst dann zugesetzt, wenn die Pflanzen ein wenig entwickelt waren, und die Anzahl der Tage wird hiervon berechnet.

Versuch 3. Als organische Nährsubstanz wurde K Na-Tartrat, Weinsäure, Milchsäure und Zitronensäure in 1 proz. Lösungen angewendet. Der hohe Säuregrad verursachte, daß die Pflanzen bereits nach 1 bis 2 Tagen eingingen. Mit Seighnettesalz als C-Quelle kann eine etwas höhere Amylasewirkung nach 4 bis 6 Tagen konstatiert werden. Auch Weinsäure und Milchsäure verursachen eine Erhöhung der Enzymwirkung, besonders ist dies der Fall bei der letztgenannten Säure. Die Amylasewirkung wurde deutlich erhöht in den Stielen der Pflanzen, die diese Säure in der Nährlösung erhielten. Zitronensäure hat dagegen keinen bemerkbaren Einfluß ausgeübt (Tabelle XXXVII und XXXVIII).

Tabelle XXXVII. (Beilagen 463 bis 486.)

Organische Substanz	—		1 % K-Na-Tartrat		1 % Weinsäure		1 % Milchsäure	
Tage	Blatt	Stiel	Blatt	Stiel	Blatt	Stiel	Blatt	Stiel
1	2,11	1,21	—	—	2,24	1,71	2,94	2,69
2	2,04	1,60	2,17	1,05	2,21	1,59	2,25	2,09
4	—	—	2,74	0,935	—	—	—	—
5	1,52	0,69	2,01	0,770	—	—	—	—
6	1,81	1,10	2,32	0,940	—	—	—	—

Tabelle XXXVIII. (Beilagen 487 bis 494.)

Organische Substanz	—		1 % Zitronensäure	
Tage	Blatt	Stiel	Blatt	Stiel
1	2,06	1,39	1,51	0,959
3	1,90	1,11	1,96	0,940

Versuch 4. Keine organische Substanz. Anorganische Salze in folgenden Konzentrationen. Auf 1000 ccm Wasser

$$KNO_3 \ldots \ldots \ldots \ldots \ldots 2\,g$$
$$(NH_4)_2HPO_4 \ldots \ldots \ldots 2\,g$$
$$MgSO_4 \ldots \ldots \ldots \ldots 2\,g$$
$$CaSO_4 \ldots \ldots \ldots \ldots 1\,g$$

In beiden Fällen dieselbe Lösung mit Ausnahme dessen, daß in der einen Lösung Magnesiumsulfat weggelassen wurde. Im letzteren Falle war das Wachstum schneller und kräftiger, dessen ungeachtet war kein Unterschied in der Amylasewirkung vorhanden (Tabelle XXXIX).

Tabelle XXXIX.

(Beilagen 487 bis 490 und 495 bis 506.)

Tage	Mit $MgSO_4$		Ohne $MgSO_4$	
	Blatt	Stiel	Blatt	Stiel
1	2,06	1,39	2,10	0,981
3	1,90	1,11	1,83	1,11
5	1,36	1,03	1,48	0,765
7	1,12	0,865	1,43	0,640

Alle diese Versuche zeigen jedoch, daß die Amylasebildung ziemlich konstant und unabhängig von äußeren Umständen ist. In allen Versuchen wurde ein Maximum der Amylasewirkung erhalten, wenn die Pflanzen das gleiche Entwicklungsstadium erreicht hatten. Bei den Blättern liegt der maximale Wert auf *Sf* zwischen 2 und 3, und sinkt dann auf einen Wert zwischen 1 und 2.

e) Der Zusammenhang zwischen Amylasewirkung und Kohlehydratmenge in Blättern.

α) *Methoden der Kohlehydratbestimmungen.*

Durch die Einwirkung der Amylase wird die Stärke in niedrigere Kohlehydrate gespalten, doch, wie bereits vorher gesagt, nicht weiter als bis zu Maltose. Wo es sich darum handelt, dieses Enzym in den Pflanzenteilen zu studieren, ist es darum auch von Interesse, den Stärke- und Zuckergehalt und dessen Veränderungen kennen zu lernen.

Im Zusammenhang mit der Bestimmung der Amylasewirkung sind darum auch in einigen Fällen Bestimmungen der Zucker- und Stärkemenge gemacht worden. Die gewöhnlichen Zuckerarten in Pflanzen sind Saccharose, Maltose, Glykose und Fructose. Um jede einzelne von diesen quantitativ zu bestimmen, ist ein recht umfangreiches Material erforderlich, außerdem ist dies mit sehr großen Schwierigkeiten verbunden. Da in dieser Untersuchung solche Bestimmungen ein mehr untergeordnetes Interesse haben, sind im all-

gemeinen keine Bestimmungen mit Hinsicht auf die verschiedenen
Zuckerarten ausgeführt, sondern nur Reduktionsproben gemacht
worden. Durch die letzteren kann die Zuckermenge **zwar** nicht bestimmt werden, da Biose und Monose alkalische Kupferlösung nicht
in demselben Maße reduzieren. Sie geben jedoch einen Begriff davon, ob eine Erhöhung oder Verminderung der Zuckermenge stattgefunden hat.

Feststellung von Zucker.

A. Unmittelbar nach dem Einsammeln der Blätter werden dieselben im Trockenschrank bei 100⁰ getrocknet. Dies ist notwendig,
weil die Enzymwirkung fortfährt, auch wenn die Blätter von der
Pflanze entfernt worden sind und folglich eine Veränderung des Verhältnisses zwischen Stärke und die verschiedenen Zuckerarten auch
dann stattfinden kann. Nach dem Trocknen werden die Blätter
pulverisiert. 10,00 g werden abgewogen und zuerst mit Äther extrahiert, um Fette und Chlorophyll zu entfernen. Nachdem der Äther
von den Blättern verdunstet war, wurden sie mit kochendem Wasser
extrahiert. Der Wasserextrakt wurde zuerst mit 1 ccm Pb-Acetat und
dann mit so viel Alkohol gefällt, daß eine 80 proz. Lösung entstand.
Hierdurch wurden Eiweißstoffe und höhere Kohlehydrate, wie Stärke
und Dextrine u. a. entfernt. Die Lösung wurde mit einigen Tropfen
Ammoniak versetzt, um saure Reaktion zu verhindern, wodurch die
Biose hätten gespalten werden können. Nun wurde auf 100 ccm ein-
gedampft, hiervon 10 ccm entnommen und mit diesen laut *Bertrands*
Methode reduziert. Dieses Volumen entsprach also 1,00 g Trockengewicht.

B. In den Fällen, wo die verschiedenen Zuckerarten jede einzeln
für sich bestimmt werden sollte, wurde der gefällte und auf 100 ccm
eingedampfte Wasserextrakt auf folgende Weise behandelt:

Ich ging davon aus, daß die Zuckerarten, die in solcher Menge
vorkommen, daß man sie berücksichtigen muß, die vorerwähnten sind,
nämlich Rohrzucker, Maltose, Glykose und Fructose. Von diesen haben
die beiden letztgenannten im großen und ganzen dieselbe Reduktionsfähigkeit, während Maltose ungefähr halb so stark und Rohrzucker
überhaupt nicht reduziert. Den Zuckergehalt durch das Drehungs-
vermögen der Lösung zu bestimmen, war nicht möglich, da die Lösung
nicht genügend farblos erhalten werden konnte, nicht einmal nach
wiederholter Behandlung mit Tierkohle oder Kaolin. Die Zuckermenge
mußte deshalb mittels Reduktion bestimmt werden.

1. 10 ccm der ursprünglichen Lösung wurden zur Reduktion
benutzt. Hierbei wurden a mg CuO gebildet.

2. 10 ccm wurden mit 0,5 ccm einer Invertaselösung versetzt, und nach einigen Stunden Einwirkung wurde reduziert. Hierbei wurden b mg CuO gebildet.

3. 10 ccm wurden mit Salzsäure im Wasserbad behandelt. Hierzu wurde 0,5 ccm konzentrierte Salzsäure genommen und nach 3 Stunden Einwirkung mit NaOH neutralisiert und auf die Reduktionsfähigkeit untersucht. Hierbei wurden c mg CuO gebildet.

Der Rohrzucker kann bestimmt werden als der Unterschied in der Reduktionsfähigkeit in 1. und 2., also entspricht dies $b - a$ mg CuO.

Durch Einwirkung von Salzsäure wurde sowohl Rohrzucker wie Maltose gespalten. Die Maltose kann berechnet werden aus dem Unterschied zwischen 2. und 3. Dieser beträgt $c - b$ mg CuO, welches also die Erhöhung in der Reduktion darstellt; Maltose reduziert jedoch auch als solche, ehe sie zu Glykose gespalten ist. Von 1,000 g Maltose erhält man bei Hydrolyse 1,052 g Glykose. Schlägt man in den von *Bertrand* aufgestellten Tabellen über die Reduktionsfähigkeit der Zuckerarten nach, so findet man, daß 1 g Maltose etwas mehr als die Hälfte Cu (berechnet aus dem gebildeten CuO) als Glykose bildet. Aber dieser Unterschied ist nicht genau derselbe für die verschiedenen Mengen. In nachstehender Tabelle XL wird angegeben, wieviel mg Cu einer gewissen Menge Maltose bzw. Glykose entsprechen. Hieraus kann entnommen werden, wieviel Maltose einer bestimmten erhaltenen Differenz in Cu vor und nach der Hydrolyse mit Salzsäure entspricht.

Tabelle XL.

I	II	III	IV	V
mg Maltose	mg Cu nach Glykose berechnet	mg Cu nach Maltose berechnet	II—III	$\dfrac{\text{III}}{\text{IV}}$
30	61,2	33,3	27,9	1,19
40	81,1	44,1	37,0	1,19
50	99,2	55,0	44,2	1,25
60	118,0	65,7	52,3	1,25
70	135,0	76,5	58,5	1,31
80	152,6	87,2	64,4	1,33
90	168,6	98,0	70,6	1,39
100	185,7	108,4	77,3	1,40

Das Verhältnis zwischen der Menge Cu, die der wirklichen Maltosemenge entspricht und der Menge, die als Differenz nach Hydrolyse (Kolumne V) erhalten wird, steigt also etwas mit steigender Maltosemenge. Als Durchschnittswert kann man jedoch 1,30 annehmen. Multipliziert man also die erhaltene Differenz $c - b$ mit 1,30, so erhält man die Menge Cu, welche der Maltosemenge entspricht.

Um die Werte für Glykose und Fructose zu erhalten, braucht man folglich nur a um $1,30\,(c - b)$ zu vermindern.

Um die Methode auf ihre Zuverlässigkeit hin zu untersuchen, wurde eine Bestimmung mit bekannten Mengen Rohrzucker, Maltose und Glykose gemacht. Wie aus Tabelle XLI ersichtlich, ist die Übereinstimmung zwischen den gefundenen und den wirklichen Werten eine recht gute.

Tabelle XLI.

Zuckerart	Abgewogen g	Gefunden g	Unterschied
Rohrzucker	0,250	0,259	+ 0,009
Maltose.	0,250	0,242	— 0,008
Glykose	0,230	0,223	— 0,007
Summe Zucker . . .	0,730	0,724	— 0,006

Bestimmung von Stärke.

Die getrockneten und pulverisierten Blätter wurden wie vorher zuerst mit Äther extrahiert, darauf mit kochendem Wasser behandelt und nach dem Erkalten dem Aufguß 1 ccm einer Malzamylaselösung zugesetzt. Nach Einwirkung bei 40⁰ während eines Zeitraumes von 24 Stunden wurde filtriert und der Rückstand noch einmal mit Wasser extrahiert. In einer Parallelprobe wurde auf dieselbe Weise verfahren, nur daß hier keine Amylaselösung zugesetzt wurde. Der Unterschied in der Reduktionsfähigkeit in beiden Fällen ergab die Stärkemenge.

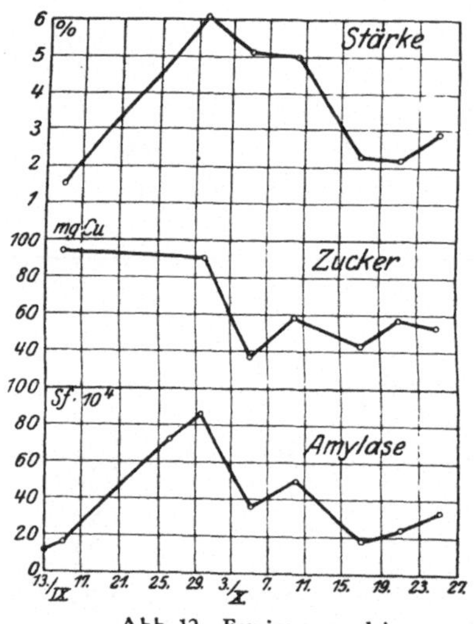

Abb. 12. Fraxinus excelsior.

β) Ergebnisse.

In Abb. 10 bis 12 sind meine Resultate aus den Tabellen XLII, XLIII, XLV und XLVII oberhalb der Amylasekurven graphisch eingezeichnet. Wie ersichtlich, ist es ziemlich unsicher, aus der Form der Kurven irgend eine Schlußfolgerung zu ziehen. In vielen Fällen entspricht eine Erhöhung der Amylasemenge auch einer Erhöhung der Stärke- und Zuckermenge. Aber dies ist nicht immer der Fall. Bei Versuchen mit Fraxinus excelsior ist jedoch die Übereinstimmung zwischen den verschiedenen Kurven eine recht gute. Der Amylasegehalt ist also nicht direkt abhängig von der Stärke- und Zuckermenge in den Blättern. Dies ging auch schon aus den Untersuchungen betreffend die Veränderung der Amylase im Verlaufe eines Tages hervor.

Tabelle XLII. Fraxinus excelsior.

Tag	mg Cu pro 1 g Trockengewicht	% Stärke	Tag	mg Cu pro 1 g Trockengewicht	% Stärke
15. IX. 20	93,8	1,5	17. X. 20	43,4	2,3
30. IX.	89,9	6,1	21. X.	57,3	2,2
5. X.	37,0	5,1	25. X.	53,3	2,9
10. X.	57,9	5,0			

Tabelle XLIII. Picea abies I.

Tag	mg Cu pro 1 g Trockengewicht	% Stärke	Tag	mg Cu pro 1 g Trockengewicht	% Stärke
31. X. 20	89,9	1,97	14. II. 21	67,4	—
7. XI.	79,8	—	21. II.	72,3	0,18
16. XI.	78,9	2,70	21. II. *)	104,0	0,41
23. XI.	99,4	—	1. III.	97,6	0,18
29. XI.	77,0	1,00	8. III.	56,5	1,80
6. XII.	54,8	2,24	15. III.·	40,0	0,27
16. XII.	74,0	—	21. III.	44,4	1,44
3. I. 21	76,9	—	1. IV.	70,0	2,02
12. I.	52,7	1,70	19. IX.	30,6	0,97
20. I.	132,5	0,71	6. X.	105,0	1,14
26. I.	93,6	—	25. X.	119,4	0,53
7. II.	57,3	2,02			

*) Um 6 Uhr nachm.

Tabelle XLIV. Picea abies II.

Tag	% Rohrzucker	% Maltose	% Glukose	Summa % Zucker	% Stärke	Wassergehalt
22. XI. 21	1,10	3,12	2,22	6,44	—	56,7
5. XII.	1,58	1,92	3,60	7,10	0,53	46,7
11. I. 22	0,40	3,14	2,34	5,88	2,80	55,5
28. I.	1,22	4,36	1,48	7,06	—	55,7
13. II.	0,62	2,02	4,66	7,30	1,07	53,0

Tabelle XLV. Pinus silvestris I.

Tag	mg Cu pro 1 g Trockengewicht	% Stärke	Tag	mg Cu pro 1 g Trockengewicht	% Stärke
31. X. 20	25,3	0,79	1. II. 21	68,4	0,00
7. XI.	28,5	0,94	7. II.	70,1	1,01
16. XI.	28,8	0,67	14. II.	49,1	2,25
23. XI.	58,5	0,44	21. II.	52,2	3,53
29. XI.	37,2	0,50	1. III.	72,0	2,01
2. XII.	54,5	—	8. III.	80,4	—
6. XII.	32,7	1,15	15. III.	38,8	2,19
16. XII.	37,6	0,52	21. III.	57,6	2,42
3. I. 21	41,5	0,53	1. IV.	59,8	6,09
12. I.	45,5	1,49	6. X.	65,7	0,31
20. I.	87,6	0,96	25. X.	63,6	3,44
26. I.	65,6	2,12			

Tabelle XLVI. Pinus silvestris I.

Tag	% Rohr-zucker	% Maltose	% Glukose	Summa % Zucker	% Stärke	Wassergeha t
7. XI. 21	3,02	3,63	0,43	7,08	2,64	54,5
21. XI.	2,42	3,28	2,50	8,20	2,98	51,7
23. I. 22	5,12	2,80	1,06	9,66	1,61	52,0

Tabelle XLVII. Pinus silvestris II.

Tag	mg u pro 1 g Trockengewicht	% Stärke	Tag	mg Cu pro 1 g Trockengewicht	% Stärke
11. XI. 20	35,9	0,59	24. I. 21	100,0	—
25. XI.	69,5	1,48	2. II.	129,2	0,00
3. XII.	55,5	1,04	9. II.	118,1	0,18
13. XII.	62,0	—	11. II.	91,6	1,63
20. XII.	42,6	0,29	23. II.	—	0,36
12. I. 21	22,3	0,50	2. III.	74,7	—

Tabelle XLVIII. Pinus silvestris III.

Tag	mg Cu pro 1g Trockengewicht	% Stärke	Tag	mg Cu pro 1 g Trockengewicht	% Stärke
7. III. 21	96,3	—	6. IV. 21	88,5	2,56
14. III.	96,2	2,61	1. IX.	49,4	—
31. III.	84,1	7,29	18. X.	67,4	0,00

Tabelle XLIX. Pinus silvestris III.

Tag	% Rohr-zucker	% Maltose	% Glukose	Summa % Zucker	% Stärke	Wassergeh.lt
5. XII. 21	2,80	0,36	3,74	6,90	—	48,4
11. I. 22	1,34	0,00	4,56	5,88	0,00	55,5
28. I.	2,46	1,84	2,76	7,04	0,00	54,4
13. II.	0,10	2,96	2,86	5,92	—	54,4

Lidforss[1]) hat gezeigt, daß die winterüberdauernden Laubblätter sich in unseren Breitengraden von Anfang Dezember an völlig stärkefrei erweisen. Wie aus meinen Bestimmungen der Stärke in den Nadelbäumen hervorgeht, ist auch hier während des Winters keine oder nur wenig Stärke vorhanden, während die Zuckermenge da größer ist. Dies stimmt auch mit Untersuchungen von *Lundegardh*[2]). Er hat gefunden, daß die Stärke verschwindet, wenn stärkehaltige Blätter bei Temperaturen nahe 0° C gehalten werden. Nach *Czapek*[3]) beruht das Verschwinden der Stärke im Winter darauf, daß die Zuckerkonzentration

---

[1]) *Lidforss*, Bot. Zentralbl. **67**, 33, 1896.
[2]) *Lundegårdh*, Jahrb. f. wiss. Bot. **53**, 421, 1914.
[3]) *Czapek*, Ber. d. deutsch. bot. Ges. **19**, 120, 1901.

in den Zellen, um Stärkebildung eintreten zu lassen, bei niedriger Temperatur größer als bei höherer Temperatur sein muß. Nach *Brown* und *Morris* entspricht eine größere Stärkemenge einer schwächeren Amylasewirkung. Andere Verfasser haben die Amylasewirkung dort am größten gefunden, wo die meiste Stärke zu finden ist. *Blagewjeschtschenski* hat die Amylasewirkung und die Stärkemenge in keimenden Samen von Vicia Faba bestimmt, ohne jedoch einen Zusammenhang zwischen diesen zu finden.

Die Frage, wie sich das Verhältnis Zucker $\rightleftarrows$ Stärke in Blättern und Samen gestaltet, ist von mehreren Verfassern behandelt worden, z. B. *Lundeg̊ardh, Molisch*[1], *Schroeder* und *Horn*[2] u. a. Es war seit langem bekannt, daß die Stärke beim Welken und Trocknen der Blätter im Dunkeln verschwindet. Die beiden letztgenannten Verfasser haben das gegenseitige Mengenverhältnis der Kohlehydrate im Laubblatt in seiner Abhängigkeit vom Wassergehalt untersucht. Sie kamen zu dem Schluß, daß in verdunkelten detachierten Blättern, falls Stärke anwesend ist, der Rohrzuckergehalt bei fallendem Wassergehalt steigt und bei steigendem Wassergehalt fällt, oder er ist groß bei geringem und klein bei hohem Wassergehalt. Sie halten für wahrscheinlich, daß diese Regeln gleicherweise für Blätter in situ an der Pflanze gelten. Es kann von Interesse sein zu sehen, wie meine Zuckerbestimmungen an Nadeln mit diesen Annahmen stimmen. Freilich zeigt der Wassergehalt in den verschiedenen Fällen nur kleine Variationen auf, und die Proben sind mit ziemlich langen Zeitabschnitten genommen, welches das Resultat unsicher macht. In Tabelle XLIV ist der Wassergehalt am niedrigsten am 5. Dezember, und da erreicht auch die Rohrzuckermenge einen maximalen Wert. Dies ist auch das Verhalten in Tabelle XLIX, wo der kleinste Wassergehalt der größten Rohrzuckermenge entspricht. In den anderen Fällen läßt sich die Beziehung zwischen Rohrzucker und Wassergehalt nicht deutlich erkennen. Die Resultate sprechen aber auch nicht der Annahme *Schroeders* entgegen. Aus Tabelle XLIV und XLVI ist auch ersichtlich, daß Rohrzucker und Stärke stets im umgekehrten Verhältnis zueinander stehen, welches auch mit *Schroeders* Annahme, daß Rohrzucker aus Stärke gebildet wird, in Übereinstimmung steht.

5. Diskussion über die Wirkung der Amylase in der lebenden Pflanze.

Die Fähigkeit der Amylase, in der Pflanze die Stärke zu spalten, ist natürlich von einer Reihe von Umständen abhängig. Stärke wird gebildet und kommt in den Blättern in den Chloroplasten, aber

---

[1] *Molisch,* Ber. d. deutsch. bot. Ges. **39,** 339, 1921.
[2] *Schroeder* und *Horn,* diese Zeitschr. **130,** 165, 1922.

auch als Vorratsnahrung an anderen Stellen in der Pflanze vor. Eine Hauptbedingung dafür, daß die Stärke von den Amylasen gespalten wird, ist, daß die letztere mit der Stärke in Berührung kommen kann. Nach *Palladin* soll die Amylase zum größten Teil an den Protoplasten gebunden sein, aber sie kann sich auch von diesen freimachen und unabhängig davon wirken. Ist die Amylase an den Protoplasten gebunden, so ist es nicht denkbar, daß sie sich in der Pflanze fortbewegen oder diffundieren kann. *Grüss* hat die Diffussionsfähigkeit der Diastase durch die Zellenwände untersucht. Er sagt, daß als Resultat dieser Untersuchungen sich ergebe, daß die Diastase durch die Zellhaut zu diffundieren vermöge. Er unterscheidet jedoch zwischen zwei amylolytischen Enzymen, von welchen das eine leicht durch die Zellenwände dringen kann, ohne dieselben zu zerstören, während das andere dies nur mit Schwierigkeit und unter gleichzeitiger Zerstörung der Zellulose vermag. Das letztere Enzym kann darum sehr wohl als Zellulase angesehen werden.

Nach *Effront*[1]) hat es nicht den Anschein, als ob Wanderungsvorgänge bei der Ausbreitung der Enzymwirkung wesentlich in Betracht kämen. Doch scheint nach verschiedenen Angaben Diastase in gereinigten Lösungen nicht unbeträchtlich zu diffundieren. *Brown* und *Morris* zeigten die Diffusion in Gelatine. Durch Kollodiumhülsen findet jedoch keine bemerkbare Diffusion statt. Das Eindringen des Ferments in feste Stärkekörner stößt oft auf große Schwierigkeiten, worauf die früher häufig vertretene Ansicht, daß unverkleisterte Stärkekörner nicht angegriffen werden können, zurückzuführen ist.

Wenn Pflanzen abgeschnitten werden und der abgeschnittene Teil ins Wasser gestellt wird, diffundieren nach und nach die Glykose und andere niedrige Kohlehydrate durch den Stiel. Wenn auch die Amylase in der Pflanze diffundieren könnte, sollte man dies daran beobachten können, daß sich die Amylasewirkung in dem Stiel vermindert, sofern die Neubildung nicht ebenso groß wie der Verlust ist.

Ein in diese Richtung gehender Versuch ist mit Phaseolus vulgaris ausgeführt worden. Zwei 9 cm lange Pflanzen wurden genau an der Wurzel abgeschnitten und in ein Gefäß mit Wasser gestellt. Bei zwei anderen Exemplaren, die sich in ganz demselben Entwicklungsstadium befanden, wurde die Amylasewirkung in den vier untersten Centimetern des Stiels bestimmt. Nach Verlauf von 24 Stunden wurde die Amylasebestimmung in dem entsprechenden Teile des Stiels der abgeschnittenen Pflanzen und in dem Wasser vorgenommen. Wie aus Tabelle *L* ersichtlich, ist die Amylasewirkung vollkommen dieselbe in allen Exemplaren, sowohl den abgeschnittenen wie den anderen. Im Wasser konnte

---

[1]) *Effront*, Bull. Assoc. Chim. Sucr. **23**, 508, 1905.

kein Enzym nachgewiesen werden. Dies spricht dafür, daß eine Diffusion nicht stattfindet. Der Versuch ist jedoch, wie gesagt, nicht vollkommen einwandfrei, da eine Neubildung des Enzyms stattgefunden haben kann. Daß dies in gleich großem Maße wie der Verlust der Fall gewesen ist, kann man jedoch kaum als glaubhaft ansehen.

Tabelle L.
(Beilagen 507—511.)

	Nicht abgeschnittene Pflanzen		Abgeschnittene Pflanzen		Wasser
k	0,050	0,043	0,053	0,052	0
Sf	0,427	0,423	0,478	0,440	0

Ein anderer wichtiger Faktor für die Wirkung der Amylase ist die Wasserstoffionenkonzentration. Der Zellsaft hat stets eine schwach saure Reaktion. Diese wird von sowohl anorganischen wie organischen Säuren verursacht. Bei Einwirkung von Tageslicht nimmt die Menge der organischen Säuren ab. Dies ist auch der Fall bei steigender Temperatur.

Im Zusammenhang mit der Keimung von Phaseolus vulgaris wurde auch die Wasserstoffionenkonzentration im Pflanzensafte bestimmt. Dünne Schnitte von den Kotyledonen und dem Stiel, welche fast farblos sind, wurden mit einem Tropfen eines Indikators befeuchtet und die Farbe beobachtet. In allen untersuchten Fällen, Keimpflanzen von 2 bis 10 cm, wurden die gleichen Werte auf die Wasserstoffionen- konzentration erhalten. Nachstehende Indikatoren mit in der Tabelle LI angegebenen Umschlagspunkten kamen zur Anwendung.

Tabelle LI.

Indikator:	Methylorange	Lackmoid	Kresolpurpur	Di-brom-sulpho-phthalein
Farbenumschlag	rot—gelb	rot—blau	gelb—violett	gelb—blau
Umschlagspunkt p_H . .	3,1—4,4	4,65	4,2—6,8	6,8—7,6
erhaltene Farbe	gelb	blau	rotviolett	gelb

Die Wasserstoffionenkonzentration entsprach somit einem p_H-Wert zwischen 4,7 und 6,8. In anderen Versuchen wurden die Pflanzen unter Zusatz von etwas Wasser gepreßt. In dem so erhaltenen Preßsafte wurde die Wasserstoffionenkonzentration auf elektro- metrischem Wege bestimmt. Der Wert auf p_H wurde zu 5,5 ermittelt, eine Wasserstoffionenkonzentration, welche für die Wirkung der Amylase am günstigsten ist.

Besteht eine Beziehung zwischen Amylasewirkung und Wasser- gehalt in den verschiedenen Teilen der Pflanzen? Bei der Keimung nimmt sowohl der Wassergehalt[1]) wie die Amylasewirkung kräftig zu. Die letztere setzt noch zu steigen fort, auch seitdem der Wassergehalt sein Maximum erreicht hat. Werden die Blätter bei gewöhnlicher Zimmertemperatur getrocknet, so wird die Amylasewirkung freilich vermindert, doch können getrocknete Blätter monatelang aufbewahrt werden, ohne daß die Amylasewirkung ganz verschwindet. Auch in ruhenden Samen, z. B. Bohnen, ist Amylase nachgewiesen worden. Sieht man nach, wie sich die Verhältnisse in Blättern und Nadeln der Bäume gestalten, so besteht hier zwischen Wassergehalt und Amylasewirkung keine direkte Beziehung. Die verschiedenen Werte der Amylasewirkung bei verschiedenen Zeiten können nicht dem Wassergehalt zugeschrieben werden. In den Knospen ist ja die Amylasewirkung bedeutend höher als in den voll entwickelten Blättern, der Wassergehalt aber ist größer in den letztgenannten.

6. Zusammenfassung.

1. Zur Angabe der Wirksamkeit verschiedener Pflanzenamylase (der Verzuckerungsfähigkeit) ist die von *Euler* und *Svanberg* vorgeschlagene Einheit $Sf = \dfrac{k.g \text{ Substrat}}{g \text{ Präparat}}$ innerhalb weiter Grenzen gültig.

2. Das Optimum der Azidität einer Reihe Pflanzenamylasen ist durch Kurven festgestellt worden; es liegt für sämtliche untersuchten Amylasen zwischen p_H 5,0 bis 5,4.

3. Bei der Keimung von Samen (Phaseolus) und während der ersten Entwicklung der Pflanze findet eine sehr starke Amylasebildung in allen Teilen der Pflanze statt bis zu einem Werte, der ungefähr 1000 mal größer als der ursprüngliche ist. Die höchsten Werte wurden in den Knospen und den jungen Blättern gefunden. Auch die Verteilung der Amylase in verschiedenen Teilen der Keimpflanzen ist festgestellt worden.

4. Die Amylasewirkung in Knospen und Blättern einer Reihe von Bäumen bei verschiedenen Jahreszeiten ist quantitativ bestimmt worden (S. 242). Die Enzymwirkung ist auch hier am größten in den jungen Blättern. Die Veränderungen der Amylasewirkung ist besonders an Nadelbäumen untersucht worden (S. 245). Die Amylasewirkung kann in ein und demselben Bäume stark variieren. In den jungen Schößlingen ist die Amylasewirkung zu klein, als daß man sie bestimmen kann.

---

[1]) Das Trockengewicht ist in den Beilagen angegeben.

5. Die Amylasewirkung ist während des Verlaufs eines Tages in Blättern in situ an der Pflanze keiner regelmäßigen Veränderung unterworfen.

6. Wenn Algen in Nährlösungen kultiviert werden, welche Stärke, Ca-Tartrat und Ca-Lactat enthalten, nimmt die Amylasemenge zu. In Lösungen von Rohrzucker, Lactose, Maltose, Glykose und Galaktose vermindert sich die Amylase dagegen. Enthält die Nährlösung nur anorganische Verbindungen, so übt dieselbe keinen Einfluß auf die Amylasewirkung aus.

7. Phaseoluspflanzen, welche in Nährlösungen kultiviert werden, zeigen nur sehr kleine Veränderungen in ihrer Amylasewirkung auf.

8. Zwischen Amylasewirkung und Stärke- bzw. Zuckermenge besteht keine deutliche Beziehung.

Beilagen.

Versuchsreihe 1.

Phaseolus vulgaris. $a = 79,2$ [1]).

Nr.	Präparat	Stunden	mg Maltose	k	Sf
1	1,00 g. Trockengew. 96,5 %.	23	28,3	0,0084	0,0054
		47	52,9	102	
		71	68,3	121	
		95	71,9	109	
				0,0104	
2	8 Tagen. Eine ganze Pflanze. 1,120 g. Trockengew. 38,6.	22	56,3	0,024	0,0253
		30	61,5	22	
		46	70,0	20	
		70	79,5	—	
				0,022	
3	14 Tagen. Eine ganze Pflanze. 1,370 g. Trockengew. 28,2.	3	28,7	0,065	0,0844
		6	46,9	65	
		29	79,5	—	
				0,065	
4	Ohne Wurzel. 1,145 g. Trockengew. 28,2	3	30,7	0,071	0,110
		6	49,5	71	
				0,071	
5	16 Tagen. Kotyledonen. 0,9280 g. Trockengew. 30,2.	2	45,4	0,18	0,252
		3	47,8	13	
		5	55,5	11	
				0,14	
6	Endosperme. 0,9680 g. Trockengewicht 9,85.	2	30,3	0,104	0,498
		3	36,7	90	
		5	49,1	84	
				0,093	
7	Die Blättchen. 0,3233 g. Trockengewicht 9,64.	2	29,5	0,101	1,56
		3	37,3	92	
				0,097	
8	17 Tagen. Kotyledonen 1,222 g. Trockengew. 26,8.	1	37,5	0,278	0,350
		2	47,8	201	
		4	67,5	208	
				0,229	
9	Endosperme. 0,9030 g. Trockengewicht 9,06.	1	20,2	0,128	0,703
		2	32,5	115	
		4	48,3	102	
				0,115	
10	Die Blättchen. 0,4490 g. Trockengewicht 13,7.	1	21,2	0,135	1,01
		2	35,9	131	
		4	49,1	105	
				0,124	

Nr.	Präparat	Stunden	mg Maltose	k	Sf
11	22 Tagen. Kotyledonen. 0,9346 g. Trockengew. 28,3.	1	46,1	0,38	0,58
		2	58,9	30	
		4	70,1	24	
				0,31	
12	Stiel. 0,4484 g. Trockengew. 11,0.	1	23,4	0,151	1,46
		2	39,4	149	
		4	55,3	130	
				0,143	
13	Die Blätter. 0,1194 g. Trockengew. 20,6.	0,5	12,7	0,150	2,76
		1	25,0	165	
		2	31,6	110	
		4	52,8	119	
				0,136	
14	28 Tagen. 2 Kotyledonen. 0,6588 g. Trockengew. 17,5.	0,5	24,5	0,32	1,39
		1	39,6	30	
		2	63,4	35	
				0,32	
15	Stiel. 0,8568 g. Trockengew. 8,45.	0,5	19,9	0,25	1,45
		1	32,5	23	
		2	43,5	17	
		3	55,5	17	
				0,21	
16	1 Blatt. 0,2681 g. Trockengew. 7,57.	0,5	16,5	0,20	4,42
		1	24,5	16	
		2	44,6	18	
		3	54,8	17	
				0,18	
17	2 Knospen. 0,0231 g, Trockengew. 15,3.	1	6,8	0,038	4,40
		3	17,5	34	
		.20	47,7	20	
				0,031	
18	31 Tagen. 0,2167 g. Trockengew. 7,50.	0,5	15,5	0,19	4,92
		1	23,4	15	
		2	35,3	13	
		4	59,3	15	
				0,16	
19	32 Tagen. Kotyledonen. 0,3565 g. Trockengew. 26,1.	0,5	20,5	0,26	1,45
		1	40,8	31	
		2	53,6	25	
				0,27	
20	Stiel. 0,8444 g. Trockengew. 9,71.	0,5	17,8	0,22	1,16
		1	28,7	17	
		2	47,7	20	
		4	61,1	16	
				0,19	

[1]) Wo nicht anderes angegeben ist.

Left table:

Präparat	Stunden	mg Maltose	k	Sf
Blätter. 0,3605 g. Trockengew. 14,5.	0,5	14,7	0,176	1,31
	1	21,4	140	
	2	32,0	112	
	4	57,0	138	
			0,137	
Knospen. 0,0417 g. Trockengew.19,1.	2	15,5	0,047	2,76
	4	26,5	44	
	5,5	32,7	42	
			0,044	
36 Tagen. 0,4561 g. Trockengew. 9,70.	0,5	17,9	0,22	2,12
	1	30,5	21	
	2	41,6	16	
			0,20	
38 Tagen. Stiel. 0,7004 g. Trockengewicht 8,18.	0,5	10,0	0,116	0,916
	1	18,2	113	
	2	28,8	96	
	4	45,7	93	
			0,105	
Das erste Blattpaar. 0,6590 g. Trockengewicht 9,68.	0,5	14,1	0,170	1,28
	1	26,5	177	
	2	37,5	149	
	4	59,5	151	
			0,162	
Das zweite Blattpaar. 0,2068 g. Trockengewicht 16,2.	0,5	9,3	0,108	1,49
	1	18,7	117	
	2	28,1	95	
	4	41,6	81	
			0,100	
42 Tagen. Stiel. 0,4226 g. Trockengewicht 7,83.	0,5	10,8	0,128	1,69
	2	30,4	105	
	3	40,0	102	
			0,112	
Das erste Blattpaar. 0,5730 g. Trockengewicht 9,66.	0,5	14,6	0,136	1,11
	2	34,5	124	
	3	41,6	108	
			0,123	
Das zweite Blatt. 0,2957 g. Trockengewicht 13,3.	0,5	10,0	0,108	1,32
	2	29,6	101	
	3	40,0	102	
			0,104	
Knospen. 0,0663 g. Trockengew. 17,0.	2	14,7	0,101	2,22
	3	19,5	98	
	a	39,6	—	
			0,100	
44 Tagen. 0,5105 g. Trockengew. 8,69.	0,5	10,1	0,117	1,14
	1	16,4	101	
	2	28,8	98	
	4	43,2	86	
			0,101	

Right table:

Nr.	Präparat	Stunden	mg Maltose	k	Sf
32	46 Tagen. 0,6564 g. Trockengew. 9,45.	0,5	12,4	0,148	1,07
		1	21,8	140	
		2	32,0	112	
				0,133	
33	0,5963 g. Trockengewicht 9,55.	0,5	13,2	0,158	1,18
		1	20,3	129	
		2	32,9	116	
				0,134	
34	47 Tagen. 0,5297 g. Trockengew. 10,7,	0,5	17,2	0,210	1,66
		1,5	34,5	165	
		2	40,0	153	
				0,176	
35	40 Tagen. Stiel. 0,6568 g. Trockengewicht 9,89.	0,5	21,1	0,27	1,77
		1	34,5	25	
		2	42,4	17	
				0,23	
36	Blätter. 0,6015 g. Trockengew. 11,6.	0,5	21,1	0,27	2,01
		2	37,5	28	
		1	58,4	29	
				0,28	
37	Knospen. 0,0531 g. Trockengew. 13,8.	1	9,3	0,116	3,82
		2	15,5	108	
				0,112	
38	44 Tagen. 0,3180 g. Trockengew. 10,0.	0,5	17,8	0,22	3,14
		1	35,3	26	
		2	42,4	17	
		4	61,1	16	
				0,20	
39	22 Tagen. Kotyledonen. 0,7496 g. Trockengew. 27,2.	1	41,8	0,33	0,663
		2	58,1	29	
		4	66,6	20	
				0,27	
40	Stiel. 0,5089 g. Trockengew. 9,32.	1	23,4	0,15	1,58
		2	41,8	16	
		4	57,0	17	
				0,15	
41	Blätter. 0,1154 g. Trockengew. 18,5.	1	23,4	0,15	3,28
		2	36,7	13	
		4	55,3	13	
				0,14	
42	32 Tagen. Kotyledonen 0,2173 g. Trockengew. 22,5.	0,5	20,3	0,26	2,09
		1	32,0	22	
		2	44,7	18	
		4	59,3	15	
				0,20	

Nr.	Präparat	Stunden	mg Maltose	k	Sf
43	Stiel. 1,1563 g. Trockengew. 8,40.	0,5	15,5	0,19	0,876
		1	29,6	20	
		2	37,5	14	
		4	59,3	15	
				0,17	
44	Blätter. 0,4134 g. Trockengew. 13,8.	0,5	14,1	0,17	1,31
		1	21,4	14	
		2	33,6	12	
		4	59,3	15	
				0,15	
45	Knospen. 0,0929 g. Trockengew. 19,0.	2	28,1	0,095	2,30
		4	39,3	75	
		5	44,7	72	
				0,081	
46	39 Tagen. Stiel. 0,7585 g. Trockengewicht 7,07.	0,5	7,1	0,080	0,681
		1,5	19,5	81	
		3	29,6	68	
		5	40,8	63	
				0,073	
47	Erstes Blattpaar. 0,7366 g. Trockengewicht 8,30.	0,5	9,3	0,108	0,865
		1,5	25,8	114	
		3	38,5	96	
				0,106.	
48	Das zweite Blatt. 0,2958 g. Trockengewicht 13,8.	0,5	8,7	0,100	1,21
		1,5	25,0	109	
		3	35,2	85	
				0,098	
49	Knospen. 0,0242 g. Trockengew. 17,0.	1,5	3,1	0,024	2,55
		5	9,3	23	
		23	22,5	16	
		a	39,6	—	
				0,021	
50	10 Tagen. Kotyledonen. 0,8446 g. Trockengew. 27,0.	2	51,1	0,225	0,468
		3	59,3	200	
		4	68,1	213	
				0,213	
51	Stiel und Wurzel. 0,2188 g. Trockengewicht 8,85.	2	23,5	0,076	1,73
		3	28,1	63	
		4	34,5	62	
				0,067	
52	Blättchen. 0,0510 g. Trockengew. 13,0.	2	23,5	0,076	5,58
		3	32,0	75	
		4	37,5	70	
				0,074	
53	24 Tagen. Kotyledonen. 1,0028 g. Trockengew. 26,8.	2,5	63,3	0,28	0,447
		4	67,5	21	
		5	73,5	23	
				0,24	
54	Stiel und Wurzel. 0,5550 g. Trockengewicht 7,66.	1	21,6	0,138	1,5
		2,5	43,5	138	
		4	49,5	107	
				0,128	
55	Blätter. 0,0847 g. Trockengew. 15,6.	1	28,3	0,19	6,0
		2,5	47,0	16	
		4	52,9	12	
				0,16	

Versuchsreihe 2.
Phaseolus vulgaris. $a = 79,2$.

Nr	Präparat	Stunden	mg Maltose	k	Sf
56	0 Tagen, 1,000 g. Trockengew. 89,3.	22	15,4	0,0043	0,0
		47	31,7	47	
		71	47,5	56	
				0,0049	
57	11 Tagen. Kotyledonen. 0,3330 g. Trockengew. 30,4.	0,5	23,1	0,315	1,2
		1	35,3	256	
		2	54,6	254	
		3	59,8	203	
				0,257	
58	Stiel. 0,4925 g. Trockengew. 8,45.	0,5	5,1	0,056	0,77
		1	11,1	65	
		2	19,7	62	
		3	30,8	71	
				0,064	
59	Blätter. 0,0510 g. Trockengew. 19,5.	0,5	5,1	0,056	2,72
		2	18,0	56	
		3	23,1	50	
				0,054	
60	19 Tagen. Kotyledonen. 0,1885 g. Trockengew. 28,8.	1	11,9	0,071	0,73
		2	25,7	85	
		3	35,3	85	
		4	41,4	80	
				0,080	
61	Stiel. 1,1655 g. Trockengew. 7,23.	1	7,8	0,046	0,303
		2	18,8	59	
		3	23,1	50	
				0,052	
62	Blätter. 0,1655 g. Trockengew. 19,0.	1	17,9	0,111	1,70
		2	30,8	107	
		3	40,5	104	
				0,107	
63	27 Tagen. Stiel. 1,2688 g. Trockengewicht 5,56.	1	13,6	0,082	0,57
		2	24,9	82	
		4	41,4	80	
				0,081	

Nr.	Präparat	Stunden	mg Maltose	k	Sf
64	Erstes Blattpaar. 0,2850 g. Trockengewicht 13,3.	1	7,0	0,040	0,620
		2	16,2	50	
		4	30,0	52	
				0,047	
65	Zweites Blatt. 0,0581 g. Trockengewicht 19,6.	1	2,6	0,0140	0,601
		4	9,2	134	
				0,0137	

Versuchsreihe 3.
Phaseolus multiflorus $a = 79{,}2$.

Nr.	Präparat	Stunden	mg Maltose	k	Sf
66	0 Tagen. 1,000 g. Trockengew. 89,9.	19	7,8	0,0024	0,0014
		43	17,1	25	
		67	25,7	25	
				0,0025	
67	6 Tagen. Kotyledonen. 1,3135 g. Trockengew. 35,7.	23	29,9	0,0090	0,0095
		47	47,5	84	
		71	61,5	92	
				0,0089	
68	Kotyledonen. 1,1904 g. Trockengewicht 39,6.	23	24,0	0,0068	0,0074
		47	43,1	72	
				0,0070	
69	Endosperme. 0,3425 g. Trockengewicht 12,1.	23	26,5	0,0077	0,0770
		47	38,8	62	
		71	46,7	54	
				0,0064	
70	11 Tagen. Kotyledonen. 2,2045 g. Trockengew. 28,2.	0,5	4,3	0,048	0,0298
		2	10,2	30	
		3	16,3	33	
				0,037	
71	Stiel. 0,6215 g. Trockengew. 7,89.	0,5	2,6	0,016	0,204
		2	7,0	20	
		3	11,9	24	
				0,020	
72	Blättchen. 0,1480 g. Trockengew. 11,9.	0,5	5,2	0,058	1,70
		1	11,0	64	
		2	18,8	59	
		3	25,7	57	
				0,060	
73	13 Tagen. Kotyledonen, 2,0255 g. Trockengew. 28,2.	1	13,6	0,082	0,0876
		2	29,9	103	
		3	43,1	114	
				0,100	
74	Stiel. 1,011 g. Trockengew. 11,5.	1	13,6	0,082	0,357
		2	28,3	96	
		3	31,7	74	
		4	40,5	78	
				0,083	

Nr.	Präparat	Stunden	mg Maltose	k	Sf
75	Blätter. 0,1265 g. Trockengew. 26,0.	1	23,1	0,150	1,82
		2	32,5	110	
		3	39,6	100	
				0,120	
76	15 Tagen. Kotyledonen. 1,4985 g. Trockengew. 17,3.	1	31,7	0,22	0,373
		2	45,8	19	
		3	54,5	17	
				0,19	
77	Stiel. 1,302 g. Trockengew. 6,85.	1	15,4	0,094	0,515
		2	29,1	99	
		3	34,4	83	
				0,092	
78	Blätter. 0,7305 g. Trockengew. 14,4.	1	24,9	0,164	0,641
		2	36,1	132	
		3	42,2	110	
				0,135	
79	Knospen. 0,0578 g. Trockengew. 8,57.	1	10,2	0,059	6,25
		2	21,5	69	
		3	26,5	59	
				0,062	
80	18 Tagen. Erstes Blattpaar. 0,740 g. Trockengew. 10,0.	1	21,5	0,137	0,810
		2	32,5	115	
		3	41,4	107	
				0,120	
81	Zweites Blatt. 0,1930 g. Trockengew. 15,8.	0,5	7,8	0,092	1,36
		2	25,7	85	
		3	30,8	71	
				0,083	
82	25 Tagen. Erstes Blattpaar. 1,531 g. Trockengew. 8,66.	1	24,9	0,164	0,535
		2	33,5	119	
				0,142	
83	26 Tagen. Erstes Blattpaar. 1,121 g. Trockengew. 7,80.	1	12,8	0,077	0,475
		2	25,7	85	
		3	36,1	88	
				0,083	
84	34 Tagen. Erstes Blattpaar. 1,056 g. Trockengew. 13,2.	1,5	16,3	0,067	0,262
		2	22,3	72	
		3	33,5	79	
				0,073	
85	Zweites Blatt. 0,6065 g. Trockengewicht 15,4.	1	13,6	0,081	0,429
		2	25,7	85	
		3	32,5	76	
		4	40,5	78	
				0,080	
86	Drittes Blatt. 0,3956 g. Trockengewicht 19,5.	1	14,5	0,088	0,565
		2	25,7	85	
				0,087	

Nr.	Präparat	Stunden	mg Maltose	k	Sf
87	Viertes Blatt. 0,1042 g. Trocken-gewicht 20,0.	1	8,7	0,050	1,15
		2	12,2	37	
		3	23,1	48	
		4	31,6	55	
				0,048	
88	35 Tagen. Erstes Blattpaar. 1,1235 g. Trocken-gewicht 9,03.	1	5,2	0,029	0,158
		2	11,9	35	
				0,032	
89	Zweites Blatt. 0,4346 g. Trocken-gewicht 10,9.	1	9,3	0,054	0,624
		2	14,5	44	
				0,049	
90	Drittes Blatt. 0,5360 g. Trocken-gewicht 15,9.	1	19,6	0,123	0,664
		2	29,9	103	
				0,113	
91	Fünftes Blatt. 0,0453 g. Trocken-gewicht 16,0.	1	6,0	0,034	2,20
		2	8,7	25	
		3	18,0	37	
				0,032	
92	36 Tagen. Erstes Blattpaar. 0,8550 g. Trocken-gewicht 10,6.	2	19,6	0,062	0,309
		4	33,5	60	
		8	45,8	47	
				0,056	
93	Zweites Blatt. 1,054 g. Trocken-gewicht 12,6.	2	33,5	0,12	0,448
		4	52,9	12	
				0,12	
94	37 Tagen. Erstes Blattpaar. 1,3748 g. Trocken-gewicht 9,80.	1	15,6	0,095	0,342
		2	27,4	92	
		3	36,1	88	
				0,092	
95	Zweites Blatt. 0,6914 g. Trocken-gewicht 13,0.	1	17,1	0,105	0,540
		2	30,0	103	
		3	36,1	88	
		4	45,0	91	
				0,097	
96	55 Tagen. Erstes Blattpaar. 1,715 g. Trockengew. 12,0.	1	24,2	0,158	0,394
		2	42,1	165	
				0,162	
97	Zweites Blatt. 0,9943 g. Trocken-gewicht 13,7.	1	21,4	0,137	0,440
		2	33,5	119	
		3	40,2	103	
				0,120	
98	Drittes Blatt. 0,9547 g. Trocken-gewicht 12,8.	1	21,4	0,137	0,511
		2	35,5	129	
		3	42,2	110	
				0,125	

Nr.	Präparat	Stunden	mg Maltose	k	Sf
99	Viertes Blatt. 0,6700 g. Trocken-gewicht 12,3.	1	13,9	0,084	0,505
		2	25,1	83	
		3	34,5	83	
				0,083	
100	Fünftes Blatt. 0,1890 g, Trocken-gewicht 16,1.	1	5,6	0,031	0,541
		2	12,0	35	
		3	16,7	34	
				0,033	
101	Sechstes Blatt. 0,0391 g. Trocken-gewicht 13,5.	22	23,3	0,0069	0,615
		46	39,3	65	
		71	49,6	60	
				0,0065	
102	5 Tagen. Kotyledonen. 2,688 g. Trockengew. 42,6.	48	48,5	0,0086	0,0038
		72	60,7	88	
		96	80,2	—	
				0,0087	
103	Endosperme. 0,1265 g. Trocken-gewicht 12,0.	48	33,5	0,0050	0,148
		72	39,6	42	
		96	48,5	43	
				0,0045	
104	5 Tagen. 1,5630 g. Trockengew. 44,1.	23	12,8	0,0033	0,0025
		48	22,3	30	
		71	37,0	38	
				0,0034	
105	6 Tagen. Kotyledonen. 1,7432 g. Trockengew. 40,0.	17	28,7	0,0115	0,0076
		43	50,5	103	
		65	61,2	99	
				0,0106	
106	Endosperme. 0,1567 g. Trocken-gewicht 13,2.	17	19,5	0,0072	0,172
		43	44,0	82	
		65	46,8	60	
				0,0071	
107	8 Tagen. Kotyledonen. 2,2095 g. Trockengew. 37,1.	20	33,5	0,0119	0,0081
		43	60,3	145	
		70	77,5	—	
				0,0132	
108	Endosperme. 0,3010 g. Trocken-gewicht 13,0.	43	35,5	0,0060	0,0651
		70	43,1	49	
		92	47,7	43	
				0,0051	
109	13 Tagen. Kotyledonen. 1,718 g. Trockengew. 31,4.	1	7,6	0,043	0,0371
		2	13,9	42	
		4	21,4	34	
				0,040	
110	Stiel. C,6113 g. Trockengew. 8,70.	1	5,6	0,031	0,292
		2	10,2	30	
		4	19,5	31	
				0,031	

Nr.	Präparat	Stunden	mg Maltose	k	Sf
111	Knospen. 0,0971 g. Trockengew. 12,0.	1 2 4	12,9 25,9 38,4	0,078 86 72 — 0,079	3,39
112	19 Tagen. Kotyledonen. 1,120 g. Trockengew. 25,5.	1 2 4	6,6 10,1 22,4	0,037 30 36 — 0,034	0,0595
113	Stiel und Wurzel. 0,4158 g. Trockengewicht 11,7.	2 4 23	3,7 6,6 40,3	0,0105 93 134 — 0,0111	0,114
114	Blättchen. 0,0830 g. Trockengew. 16,9.	1 2 4	4,7 10,1 18,5	0,026 30 29 — 0,028·	1,00

Versuchsreihe 4.
Phaseolus vulgaris. $a = 79,2$.

Nr.	Präparat	Stunden	mg Maltose	k	Sf
115	Blättchen. 0,1146 g. Trockengew. 22,0.	2 4	13,3 23,9	0,040 39 — 0,040	0,795
116	Stiel. 0,7446 g. Trockengew. 14,6.	2 4	17,2 28,6	0,053 49 — 0,051	0,234
117	Wurzel. 0,2935 g. Trockengew. 14,3.	6 23 41	6,5 22,0 36,5	0,0062 68 65 — 0,0065	0,0775

Versuchsreihe 5.
Phaseolus vulgaris. $a = 79,2$.

Nr.	Präparat	Stunden	mg Maltose	k	Sf
118	Oberer Teil d. Stiels. 0,412 g. Trockengewicht 6,43.	4 8	16,4 30,1	0,0250 259 — 0,0255	0,481
119	Mittlerer Teil des Stiels. 0,532 g. Trockengew. 5,88.	4 8	14,5 29,2	0,0220 250 — 0,0235	0,376
120	Unterer Teil des Stiels. 0,4965 g. Trockengew. 6,15.	4 8	9,9 19,1	0,0145 149 — 0,0147	0,240
121	Wurzel. 0,112 g. Trockengew. 15,3.	46	0	—	0

Versuchsreihe 6.
Phaseolus vulgaris. $a = 79,2$.

Nr.	Präparat	Stunden	mg Maltose	k	Sf
122	Das basale Stück. 0,2535 g. Trockengewicht 28,0.	1 2 3	36,5 52,4 60,8	0,27 24 21 — 0,24	1,69
123	Das mittlere Stück. 0,2982 g. Trockengewicht 30,3.	1 2 3	26,4 42,2 56,2	0,176 165 179 — 0,173	0,957
124	Das Endstück. 0,1832 g. Trockengewicht 30,4.	1 2 3	20,9 31,9 43,1	0,133 112 114 — 0,120	1,05
125	Das basale Stück. 0,2295 g. Trockengewicht 24,2.	1,25 2 3	32,8 41,3 48,6	0,186 162 138 — 0,162	1,46
126	Das mittlere Stück. 0,2710 g. Trockengewicht 31,8.	1,25 2 3	31,0 37,5 48,6	0,172 139 138 — 0,150	0,870
127	Das Endstück. 0,2380 g. Trockengewicht 32,0.	1 2 3	24,6 43,1 49,5	0,162 171 142 — 0,158	1,04

Versuchsreihe 7.
Populus tremula. $a = 79,2$. 1,00 g Blätter.

Nr.	Präparat	Stunden	mg Maltose	k	Sf
128	27. VI. Trockengewicht 46,1.	18 43 70	44,3 65,0 74,7	0,020 17 18 — 0,018	0,0195
129	26. IX. Trockengewicht 43,0.	21 26	49,2 64,4	0,020 28 — 0,024	0,0279
130	10. X. Trockengewicht 31,8.	43 69 91	25,9 32,5 38,4	0,0040 33 32 — 0,0035	0,0055

Versuchsreihe 8.
Salix caprea.

Nr.	Präparat	Stunden	mg Maltose	k	Sf
131	19. IX. Blütenknospen. 0,700 g. Trockengew. 66,0.	21 68 a	7,8 26,9 79,2	0,0021 26 — 0,0024	0,0026

18*

Nr.	Präparat	Stunden	mg Maltose	k	Sf
132	6. X. Knospen. 1,00 g. Trockengewicht 45,2.	20	24,0	0,020	0,0094
		44	30,0	14	
		92	39,5	—	
		a	39,6	—	
				0,017	
133	19. IX. Blätter. 1,00 g. Trockengewicht 71,8.	24	36,0	0,0109	0,0071
		44	50,1	99	
		69	62,5	98	
		a	79,2	—	
				0,0102	
134	27. VI. 2,00 g. Trockengew. 40,8.	7	12,4	0,0106	0,0063
		24	36,0	109	
		49	51,0	91	
		a	79,2	—	
				0,0102	

Versuchsreihe 9.
Corylus avellana. $a = 79,2$.

Nr.	Präparat	Stunden	mg Maltose	k	Sf
135	12. V. Blumen. 1,00 g. Trockengewicht 68,5.	20	5,6	0,0016	0,0010
		67	12,4	11	
				0,0014	
136	12. V. Knospen. 0,600 g. Trockengewicht 36,4.	20	5,6	0,0016	0,0027
		67	12,4	11	
		91	15,3	10	
				0,0012	
137	20. VI. Blätter. 1,00 g. Trockengewicht 40,6.	21	7,5	0,0020	0,0022
		46	12,4	16	
		72	20,1	18	
				0,0018	
138	22. IX. 1,00 g. Trockengew. 51,5.	23	20,5	0,0057	0,0051
		46	35,3	56	
		95	48,4	43	
				0,0052	
139	14. X. 1,00 g. Trockengew. 72,0.	20	14,8	0,0045	0,0025
		46	22,4	31	
		69	32,5	33	
				0,0036	
140	5. XII. Blumenknospen. 2,00 g. Trockengew. 49,5.	44	7,3	0,00095	0,00049
		67	11,1	97	
				0,00096	
141	28. I. 2,00 g. Trockengew. 49,5.	44	30,6	0,0048	0,0020
		96	38,4	30	
				0,0039	

Versuchsreihe 10.
Betula alba. $a = 79,2$.

Nr.	Präparat	Stunden	mg Maltose	k	Sf
142	27. VI. 2,00 g. Trockengew. 43,9.	7	8,5	0,0070	0,0041
		24	28,6	81	
		49	36,5	65	
				0,0072	
143	19. IX. 1,00 g. Trockengew. 38,7.	21	17,1	0,0050	0,0058
		45	28,3	43	
		69	37,9	41	
				0,0045	

Versuchsreihe 11.
Alnus glutinosa.

Nr.	Präparat	Stunden	mg Maltose	k	Sf
144	23. I. Blumen. 2,00 g. Trockengewicht 48,6.	23	60,3	0,027	0,0128
		43	70,8	23	
		70	79,4	—	
		a	79,2	—	
				0,025	

Versuchsreihe 12.
Fagus silvatica. $a = 79,2$.

Nr.	Präparat	Stunden	mg Maltose	k	Sf
145	12. V. Knospen. 0,700 g. Trockengewicht 39,4.	20	5,6	0,0016	0,0025
		67	14,3	13	
		91	17,2	12	
				0,0014	
146	27. VI. Blätter. 0,800 g. Trockengewicht 54,1.	18	8,5	0,0027	0,0028
		43	14,3	20	
		70	23,0	24	
				0,0024	
147	26. IX. 0,500 g. Trockengew. 50,0.	21	11,1	0,0031	0,0050
		46	17,1	23	
		69	22,3	21	
				0,0025	
148	10. X. 1,00 g. Trockengewicht 50,5.	43	33,5	0,0055	0,0047
		69	41,2	46	
		91	45,9	41	
				0,0047	
149	18. X. 1,00 g. Trockengew. 48,3.	46	21,4	0,0030	0,0028
		70	26,9	26	
		94	32,5	24	
				0,0027	

Versuchsreihe 13.
Quercus robur. $a = 79,2$. 1,00 g Blätter.

Nr.	Präparat	Stunden	mg Maltose	k	Sf
150	27. VI. Trockengewicht 45,9.	43	11,4	0,0016	0,0016
		70	16,2	14	
				0,0015	

Nr.	Präparat	Stunden	mg Maltose	k	Sf
151	26. IX. Trockengewicht 52,0.	21	25,7	0,0081	0,0081
		46	44,9	79	
		69	60,7	92	
				0,0084	
152	18. X. Trockengewicht 53,0.	22	6,6	0,0017	0,0015
		46	11,1	14	
				0,0016	

Versuchsreihe 14.
Ulmus scabra. $a = 79{,}2$.

Nr.	Präparat	Stunden	mg Maltose	k	Sf
153	8. V. Knospen. 0,500 g. Trockengewicht 24,6.	5	15,3	0,0188	0,0577
		20	35,5	129	
		44	53,2	110	
				0,0142	
154	16. V. Blätter. 0,350 g. Trockengewicht 28,4.	19	44,3	0,0133	0,0604
		43	57,0	128	
		66	62,0	100	
				0,0120	
155	29. V. 1,00 g. Trockengew. 30,8.	8	22,9	0,019	0,0227
		23	41,3	14	
		48	54,0	10	
				0,014	
156	8. VI. 1,00 g. Trockengew. 27,4.	20	23,0	0,0074	0,0133
		46	45,4	80	
		93	59,1	64	
				0,0073	
157	22. IX. 1,00 g. Trockengew. 35,8.	23	29,9	0,0089	0,0130
		46	50,9	97	
				0,0093	
158	27. IX. 1,00 g. Trockengew. 38,8.	22	17,1	0,0077	0,0056
		44	27,4	72	
		69	32,5	60	
		93	39,6	65	
				0,0069	
159	30. IX. 1,00 g. Trockengew. 41,9.	21	27,4	0,0088	0,0098
		46	44,9	79	
		69	56,4	78	
				0,0082	
160	14. X. 1,00 g. Trockengew. 45,0.	20	7,6	0,0022	0,0026
		46	19,5	27	
		68	21,4	20	
				0,0023	

Versuchsreihe 15.
Sorbus suecica. $a = 79{,}2$. 1,00 g Blätter.

Nr.	Präparat	Stunden	mg Maltose	k	Sf
161	22. V. Trockengewicht 24,9.	19	13,3	0,0042	0,0076
		43	23,9	36	
		91	42,3	36	
				0,0038	

Nr.	Präparat	Stunden	mg Maltose	k	Sf
162	29. V. Trockengewicht 30,4.	23	17,2	0,0046	0,0072
		48	32,2	47	
		72	37,5	39	
				0,0044	
163	22. IX. Trockengewicht 46,8.	23	16,3	0,0044	0,0043
		46	28,3	42	
		95	41,4	34	
				0,0040	

Versuchsreihe 16.
Sorbus aucuparia. $a = 79{,}2$.

Nr.	Präparat	Stunden	mg Maltose	k	Sf
164	12. V. 1,00 g. Trockengew. 26,4.	20	37,4	0,014	0,0246
		42	54,1	12	
		67	69,0	13	
				0,013	
165	27. VI. 2,00 g. Trockengew. 46,0.	7	8,5	0,0070	0,0037
		24	24,9	68	
		49	36,5	65	
				0,0068	
166	8. IX. 1,00 g. Trockengew. 53,5.	22	29,9	0,0094	0,0071
		46	40,5	68	
		74	58,1	78	
		95	59,8	64	
				0,0076	

Versuchsreihe 17.
Prunus padus. $a = 79{,}2$.

Nr.	Präparat	Stunden	mg Maltose	k	Sf
167	11. V. Blumen. 0,700 g. Trockengewicht 22,2.	20	37,4	0,0139	0,0357
		45	52,2	104	
		70	61,0	91	
				0,0111	
168	Blätter. 0,400 g. Trockengew. 23,8.	20	5,6	0,0016	0,0068
		45	9,5	12	
		91	14,3	10	
				0,0013	
169	0,350 g. Trockengewicht 28,8.	20	5,6	0,0016	0,0064
		45	10,5	14	
		91	13,3	09	
				0,0013	
170	16. V. Blätter. 1,00 g. Trockengewicht 23,9.	19	12,4	0,0039	0,0077
		43	23,9	36	
		66	33,5	36	
				0,0037	
171	29. V. 1,00 g. Trockengew. 36,0.	23	7,5	0,0019	0,0025
		48	13,3	17	
				0,0018	

Versuchsreihe 18.
Acer platanoides. $a = 79{,}2$. 1,00 g.

Nr.	Präparat	Stunden	mg Maltose	k	Sf
172	22. V. Blüten. Trockengew. 17,3.	43	0	—	0
173	Blätter. Trockengewicht 28,0.	19	6,5	0,0019	0,0034
		43	12,4	17	
		91	22,0	15	
				0,0017	
174	8. VI. Trockengewicht 27,8.	20	8,5	0,0025	0,0038
		46	15,3	20	
		93	24,9	18	
				0,0021	
175	14. IX. Trockengewicht 54,0.	19	8,6	0,0026	0,0019
		42	12,8	18	
		67	18,8	18	
				0,0021	

Versuchsreihe 19.
Aesculus hippocastanum. $a = 79{,}2$ [1].

Nr.	Präparat	Stunden	mg Maltose	k	Sf
176	12. IV. 21. Knospen. 0,1220 g. Trockengewicht 25,0.	21	4,7	0,0012	0,0185
		45	7,9	10	
				0,0011	
177	19. IV. 21. Knospen. 0,7650 g. Trockengewicht 24,5.	20	15,5	0,0108	0,0140
		43	25,0	101	
		a	39,6	—	
				0,0105	
178	12. IV. 21. Knospen. 0,1830 g. Trockengewicht 23,5.	24	7,9	0,0019	0,0202
		40	10,0	18	
				0,0019	
179	25. IV. 21. Knospen. 0,500 g. Trockengewicht 21,7.	24	15,5	0,0090	0,0203
		51	25,0	85	
		a	39,6	—	
				0,0088	
180	12. IV. 21. Blätter. 0,4505 g. Trockengewicht 24,0.	21	17,1	0,0050	0,0236
		45	33,0	52	
				0,0051	
181	12. IV. 21. Knospenhülle. 0,3700 g. Trockengew. 20,0.	21	3,9	0,00102	0,0069
		45	7,9	102	
				0,00102	
182	19. IV. 21. Blätter. 1,00 g. Trockengewicht 23,5.	20	19,5	0,0147	0,0158
		43	30,5	149	
		a	39,6	—	
				0,0148	

Nr.	Präparat	Stunden	mg Maltose	k	Sf
183	25. IV. 21. Knospen. 0,900 g. Trockengewicht 24,1.	24	21,1	0,0138	0,0151
		51	30,4	124	
		a	39,6	—	
				0,0131	
184	25. IV. 21. Blätter. 0,600 g. Trockengewicht 24,8.	24	17,9	0,0105	0,0176
		51	28,0	105	
		a	39,6	—	
				0,0105	
185	19. IV. 21. Blütenknospen. 1,00 g. Trockengew. 19,2.	20	37,5	0,0139	0,0341
		22	41,6	147	
		43	52,0	108	
				0,0131	
186	7. IX. 21. Blätter. 1,00 g. Trockengewicht 36,8.	21	5,2	0,00143	0,0019
		44	9,4	125	
		68	17,1	155	
				0,00141	
187	27. IX. 21. 1,00 g. Trockengew. 30,0.	22	7,0	0,0028	0,0037
		44	9,3	19	
		69	13,6	19	
		a	52,8	—	
				0,0022	
188	30. IX. 21. 1,00 g. Trockengew. 38,6.	68	8,7	0,00156	0,00099
		150	16,0	150	
		a	39,6	—	
				0,00153	
189	27. IX. 21. Knospen. 1,00 g. Trockengewicht 44,4.	22	8,7	0,0035	0,0034
		44	12,0	25	
		a	52,8	—	
				0,0030	
190	30. IX. 21. Knospen, 0,700 g. Trockengewicht 67,0.	69	7,8	0,00138	0,00077
		150	16,0	150	
		a	39,6	—	
				0,00144	
191	11. V. 22. Knospen. 0,700 g. Trockengewicht 26,0.	20	16,2	0,0050	0,0123
		45	26,7	40	
				0,0045	
192	22. V. 22. Blätter. 1,00 g. Trockengewicht 22,9.	19	8,5	0,0026	0,0063
		43	21,0	31	
		91	36,5	29	
				0,0029	
193	29. V. 22. 1,00 g. Trockengew. 24,8.	48	13,3	0,0017	0,0034
		72	18,1	16	
				0,0017	
194	8. VI. 22. 1,00 g. Trockengew. 26,2.	46	10,5	0,0013	0,0031
		93	24,9	18	
				0,0016	

[1] Wo nicht anderes angegeben ist.

Nr.	Präparat	Stunden	mg Maltose	k	Sf
195	19. VI. 22. Um 10^h vorm. 2,00 g. Trockengewicht 28,4.	48 73 100	9,5 14,3 19,1	0,0011 12 12 0,0012	0,0011
196	Um 2^h nachm. 1,50 g. Trockengewicht 29,6.	44 69 100	8,5 17,2 21,0	0,0011 15 13 0,0013	0,0015
197	Um 6^h nachm. 1,50 g. Trockengewicht 29,0.	40 65 85	9,5 14,3 19,1	0,0014 14 14 0,0014	0,0016
198	8. VI. 22. Blüten. 1,00 g. Trockengewicht 17,6.	46 93	12,4 24,9	0,0016 18 0,0017	0,0048

Versuchsreihe 20.
Tilia europæa. $a = 79,2.$ 1,00 g Blätter.

Nr.	Präparat	Stunden	mg Maltose	k	Sf
199	27. VI. Trockengewicht 36,2.	18 43 70	22,0 38,5 51,0	0,0078 67 64 0,0070	0,0097
200	26. IX. Trockengewicht 38,4.	21 46	42,2 69,5	0,016 20 0,018	0,0232

Versuchsreihe 21.
Fraxinus excelsior.

Nr.	Präparat	Stunden	mg Maltose	k	Sf
201	27. IV. Blumenknospen. 1,00 g. Trockengew. 17,9.	20 44 a	8,5 16,4 79,2	0,00245 228 — 0,00237	0,0066
202	17. IV. Knospen. 0,4037 g. Trockengewicht 66,5.	22 28 a	30,5 32,0 39,6	0,029 26 — 0,028	0,0261
203	14. VI. Blätter. 2,00 g. Trockengewicht 25,0.	48 27 20 a	24,9 32,5 41,4 79,2	0,0034 32 27 — 0,0031	0,0031
204	1. IX. 1,00 g. Trockengew. 35,2.	21 51 a	17,1 28,0 39,6	0,0117 0,0105 — 0,0111	0,0079
205	13. IX. 1,00 g. Trockengew. 41,5.	44 67 a	7,3 11,1 79,2	0,00095 97 — 0,00096	0,0012

Nr.	Präparat	Stunden	mg Maltose	k	Sf
206	15. IX. 1,00 g. Trockengew. 43,5.	20 67 a	5,6 12,4 79,2	0,0016 11 — 0,0014	0,0016
207	26. IX. 1,00 g. Trockengew. 51,0.	22 28 46 a	21,5 24,1 30,4 39,6	0,0154 146 138 — 0,0146	0,0072
208	30. IX. 1,50 g. Trockengew. 39,5.	25 40 a	36,3 47,0 79,2	0,0106 98 — 0,0102	0,0086
209	5. X. 1,50 g. Trockengew. 41,4.	24 48 a	16,7 32,2 79,2	0,0043 47 — 0,0045	0,0036
210	10. X. 1,00 g. Trockengew. 50,3.	8 24 48 a	7,6 16,4 25,2 39,6	0,0115 97 92 — 0,0101	0,0050
211	17. X. 1,00 g. Trockengew. 45,4.	24 44 a	6,8 11,1 39,6	0,0034 32 — 0,0033	0,0018
212	21. X. 1,00 g. Trockengew. 35,4.	72 96 a	17,1 21,0 39,6	0,0034 34 — 0,0034	0,0024
213	25. X. 1,00 g. Trockengew. 39,2.	24 31 46 a	10,7 11,8 16,0 39,6	0,0057 50 49 — 0,0052	0,0033

Versuchsreihe 22.
Picea abies I. $a = 39,6.$ 1,00 g Nadeln [1].

Nr.	Präparat	Stunden	mg Maltose	k	Sf
214	31. X. 20. Trockengew. 43,0.	24 52 71	18,7 26,7 34,9	0,012 9 13 0,011	0,0064
215	7. XI. Trockengew. 43,0.	20 25 44	14,2 16,9 22,4	0,0096 97 82 0,0092	0,0053

[1] Wo nicht anderes angegeben ist.

Nr.	Präparat	Stunden	mg Maltose	k	Sf
216	16. XI. Trockengew. 42,6.	23	12,4	0,0071	0,0036
		31	13,3	57	
		43	16,9	57	
				0,0062	
217	23. XI. Trockengew. 46,3.	5	5,4	0,0128	0,0061
		20	15,1	104	
		25	20,5	126	
		44	24,2	93	
				0,0113	
218	29. XI. Trockengew. 39,1.	23	15,1	0,0091	0,0055
		47	23,2	81	
		53	24,1	77	
		71	31,3	96	
				0,0086	
219	6. XII. Trockengew. 42,7.	21	13,4	0,0084	0,0047
		29	14,3	67	
		45	23,4	86	
		69	28,6	81	
				0,0080	
220	16. XII. 1,500 g. Trockengew. 43,0.	7	5,4	0,0044	0,0033
		31	18,8	38	
		47	31,4	47	
				0,0043	
221	3. I. 21. Trockengew. 37,8.	23	14,3	0,0085	0,0054
		31	15,2	68	
		43	23,4	90	
				0,0081	
222	12. I. Trockengew. 39,5.	22	12,1	0,0072	0,0047
		29	14,9	71	
		47	20,6	68	
		70	30,0	88	
				0,0075	
223	20. I. Trockengew. 42,0.	24	18,7	0,0115	0,0064
		29	20,6	110	
		42	24,4	100	
				0,0108	
224	26. I. Trockengew. 45,6.	20	13,1	0,0087	0,0035
		44	16,8	55	
		68	24,4	61	
				0,0064	
225	7. II. Trockengew. 42,1.	24	14,0	0,0079	0,0048
		47	22,5	78	
		71	28,1	76	
		95	32,9	89	
				0,0081	

Nr.	Präparat	Stunden	mg Maltose	k	Sf
226	14. II. Trockengew. 44,1.	19	15,9	0,0117	0,0047
		43	19,6	69	
		66	26,2	71	
		91	31,0	73	
				0,0083	
227	21. II. Trockengew. 53,0.	27	16,8	0,0089	0,0038
		47	23,5	83	
		61	26,2	77	
		95	30,9	69	
				0,0080	
227 a	21. II. 6 Uhr nachm. Trockengew. 45,5.	16	8,6	0,0066	0,0036
		24	13,1	73	
		39	20,9	71	
		63	23,5	62	
		87	27,2	58	
				0,0066	
228	1. III. Trockengew. 43,6.	23	12,4	0,0071	0,0033
		47	18,3	59	
		71	21,7	49	
		95	27,5	54	
				0,0058	
229	8. III. Trockengew. 47,0.	23	13,3	0,0077	0,0041
		53	24,1	77	
				0,0077	
230	15. III. Trockengew. 44,9.	21	14,9	0,0097	0,0055
		45	24,2	91	
		70	32,5	107	
				0,0098	
231	21. III. Trockengew. 42,8.	23	17,5	0,0110	0,0061
		47	25,8	98	
				0,0104	
232	1. IV. Trockengew. 50,1.	22	10,7	0,0062	0,0025
		49	14,9	42	
		70	20,7	46	
				0,0050	
233	11. IV. Trockengew. 46,1.	21	7,1	0,0041	0,0024
		45	15,5	48	
				0,0045	
234	26. IV. Trockengew. 55,7.	23	15,5	0,0094	0,0039
		39	20,3	80	
				0,0087	
235	19. IX. Trockengew. 40,5.	47	16,2	0,0049	0,0028
		71	19,6	42	
				0,0046	
236	6. X. Trockengew. 43,1.	21	8,7	0,0051	0,0031
		45	18,0	58	
		93	26,5	52	
				0,0054	

Nr.	Präparat	Stunden	mg Maltose	k	Sf
237	25. X. Trockengew. 59,0.	22 46 71 94	13,9 19,5 24,2 32,5	0,0085 64 58 79 0,0072	0,0031
238	26. IV. Knospen. 0,850 g. Trocken- gewicht 34,9.	23 44	3,9 6,3	0,0020 17 0,0019	0,0016
239	8. IX. Jahressprößlinge. Trockengew. 38,6.	22 46 75	6,1 8,7 14,5	0,0033 23 26 0,0027	0,0037
240	19. IX. Trockengew. 40,5.	23 47 71	5,2 11,9 18,0	0,0027 33 37 0,0032	0,0020
241	6. X. Trockengew. 39,6.	45 93	12,7 16,3	0,0037 25 0,0031	0,0020

Versuchsreihe 23.

Picea abies II. $a = 39,6$ [1]). 1,00 g Nadeln [1]).

Nr.	Präparat	Stunden	mg Maltose	k	Sf
242	1. IX. 21. Trockengew. 43,5.	20 45 91 a	5,2 11,9 22,3 79,2	0,00148 158 158 — 0,00155	0,0018
243	14. IX. Trockengew. 42,6.	42 67 115	20,5 24,9 29,9	0,0075 64 53 0,0064	0,0038
244	10. X. Trockengew. 45,1.	20 44 69 92	8,7 11,1 14,8 20,5	0,0054 33 33 34 0,0038	0,0042
245	18. X. Trockengew. 43,5.	21 46	7,1 13,9	0,0041 41 0,0041	0,0024
246	9. XI. 2,00 g. Trockengew. 44,4.	20 43 67 116 a	26,0 47,7 54,5 79,4 79,2	0,0086 93 76 — — 0,0085	0,0048

Nr.	Präparat	Stunden	mg Maltose	k	Sf
247	22. XI. Trockengew. 43,3.	20 44 67 a	18,5 31,5 42,1 79,2	0,0057 50 49 — 0,0052	0,0060
248	5. XII. Trockengew. 53,3.	27 44 50 70 a	11,1 15,7 16,7 20,4 79,2	0,0024 22 20 19 — 0,0021	0,0020
249	11. I. 22. Trockengew. 44,5.	20 44 73 a	9,2 11,1 19,5 79,2	0,0026 15 17 — 0,0019	0,0022
250	28. I. Trockengew. 44,3.	44 69 120 a	10,1 16,7 23,3 79,2	0,00133 149 127 — 0,00136	0,0015
251	13. II. 2,00 g. Trockengew. 47,0.	45 70 93 a	25,1 33,5 40,2 79,2	0,0037 34 33 — 0,0035	0,0019
252	24. V. Trockengew. 54,5.	22 41	10,7 17,2	0,0062 60 0,0061	0,0028
253	20. VI. 2,00 g. Trockengew. 43,0.	21 46 a	12,4 23,0 79,2	0,0035 32 — 0,0034	0,0020
254	24. V. Knospen. 0,600 g. Trocken- gewicht 30,4.	113	0	—	0
255	1. IX. 21. Jahressprößlinge. Trockengew. 40,5.	20 45 91 a	5,2 11,1 22,3 79,2	0,00148 144 158 — 0,00150	0,0019
256	14. IX. Trockengew. 42,0.	19 42 67	8,6 11,1 17,1	0,0056 34 37 0,0042	0,0025
257	6. VI. 22. Trockengew. 18,5.	44	0	—	0
258	20. VI. 2,00 g. Trockengew. 26,9.	46	0	—	0

[1]) Wo nicht anderes angegeben.

Versuchsreihe 24.
Picea abies III.

Nr.	Präparat	Stunden	mg Maltose	k	Sf
259	Ältere Zweige. 1,00 g. Trockengewicht 55,5.	23	10,5	0,0027	0,0027
		46	23,0	32	
		a	79,2	—	
				0,0030	
260	Jahressprößlinge. 1,00 g. Trockengewicht 19,4.	46	0	—	0

Versuchsreihe 25.
Pinus silvestris I. $a = 39,6$ [1]). 1,00 g Nadeln [1]).

Nr.	Präparat	Stunden	mg Maltose	k	Sf
261	31. X. 20. Trockengew. 70,7.	5	12,5	0,033	0,0095
		20	25,9	23	
		25	29,5	24	
				0,027	
262	7. XI. Trockengew. 49,0.	6	10,6	0,023	0,0092
		22	23,2	18	
		27	24,1	16	
		50	32,2	15	
				0,018	
263	16. XI. Trockengew. 46,3.	21	18,7	0,0132	0,0058
		29	19,6	102	
		45	24,1	91	
				0,0108	
264	23. XI. Trockengew. 44,6.	6	16,0	0,037	0,0179
		22	29,5	27	
				0,032	
265	29. XI. 0,500 g. Trockengew. 40,9.	21	18,7	0,0132	0,0133
		45	25,9	102	
		51	27,6	102	
		69	31,3	98	
				0,0109	
266	2. XII. Trockengew. 44,9.	22	21,5	0,0154	0,0081
		28	24,1	146	
		46	30,4	138	
				0,0146	
267	6. XII. Trockengew. 47,1.	20	21,5	0,0170	0,0088
		26	24,3	159	
				0,0165	
268	16. XII. Trockengew. 46,5.	29	26,0	0,016	0,0086
		50	32,2	15	
				0,016	
269	3. I. 21. Trockengew. 44,6.	23	25,1	0,019	0,0112
		27	28,1	0,020	
				0,020	

Nr.	Präparat	Stunden	mg Maltose	k	Sf
270	12. I. Trockengew. 43,5.	20	25,4	0,022	0,0121
		27	28,1	20	
				0,021	
271	20. I. Trockengew. 44,4.	19	30,9	0,035	0,0175
		26	31,9	27	
				0,031	
272	26. I. Trockengew. 43,0.	19	45,5	0,0195	0,0212
		25	52,1	186	
		43	63,6	167	
		a	79,2	—	
				0,0183	
273	1. II. Trockengew. 43,7.	24	48,2	0,0170	0,0209
		47	69,6	195	
		a	79,2	—	
				0,0183	
274	7. II. Trockengew. 46,2.	23	36,7	0,0117	0,0107
		47	51,1	96	
		62	57,0	89	
		94	68,5	92	
		a	79,2	—	
				0,0099	
275	14. II. Trockengew. 52,1.	20	54,1	0,0132	0,0171
		29	62,6	112	
		44	71,4	91	
		67	90,1	92	
		a	118,8	—	
				0,0119	
276	21. II. Trockengew. 46,8.	24	46,4	0,0159	0,0152
		32	53,0	150	
		47	60,7	134	
		71	68,5	122	
		91	75,3	144	
		a	79,2	—	
				0,0142	
277	1. III. Trockengew. 46,0.	23	36,7	0,0145	0,0115
		47	51,1	96	
		62	57,0	89	
		94	68,5	92	
		a	79,2	—	
				0,0106	
278	8. III. Trockengew. 45,1.	22	45,4	0,0168	0,0142
		46	55,5	114	
		70	66,6	114	
		94	72,7	115	
		a	79,2	—	
				0,0128	

[1]) Wo nicht anderes angegeben ist.

Nr.	Präparat	Stunden	mg Maltose	k	Sf
279	15. III. 2,00 g. Trockengew. 47,0.	20	61,5	0,033	0,0170
		29	68,4	30	
		a	79,2	—	
				0,032	
280	21. III. Trockengew. 45,7.	8	25,0	0,0206	0,0140
		23	43,5	150	
		32	46,1	118	
		47	53,8	105	
		a	79,2	—	
				0,0128	
281	1. IV. Trockengew. 48,0.	22	37,5	0,0126	0,0106
		49	53,5	100	
		70	63,3	100	
		95	65,8	81	
		a	79,2	—	
				0,0102	
282	11. IV. Trockengew. 48,3.	21	36,0	0,0125	0,0126
		44	55,2	118	
		a	79,2	—	
				0,0122	
283	26. IV. Trockengew. 48,0.	23	38,5	0,0126	0,0130
		43	56,0	124	
		a	79,2	—	
				0,0125	
284	8. IX. Trockengew. 49,0.	23	37,0	0,0118	0,0101
		47	49,2	90	
		62	57,0	89	
		a	79,2	—	
				0,0099	
285	6. X. Trockengew. 50,1.	20	15,4	0,0047	0,0037
		44	24,9	37	
		92	34,4	27	
		a	79,2	—	
				0,0037	
286	25. X. Trockengew. 45,6.	22	19,5	0,0056	0,0055
		46	32,5	50	
		71	38,4	41	
		a	79,2	—	
				0,0049	
287	7. XI. Trockengew. 45,5.	20	24,2	0,0079	0,0073
		44	39,3	65	
		68	47,7	58	
		116	61,2	55	
		165	73,6	—	
		216	79,4	—	
		a	79,2	—	
				0,0067	

Nr.	Präparat	Stunden	mg Maltose	k	Sf
288	21. XI. Trockengew. 48,3.	20	25,1	0,0083	0,0073
		44	40,2	70	
		68	51,5	67	
		91	55,5	58	
		a	79,2	—	
				0,0070	
289	23. I. 22. Trockengew. 48,0.	23	37,3	0,0120	0,0102
		43	52,5	98	
		70	60,3	89	
		94	66,8	86	
		a	79,2	—	
				0,0098	
290	21. II. 21. Knospen. Trockengew. 56,8.	20	9,3	0,00270	0,0023
		43	17,8	258	
		67	26,2	260	
		a	79,2	—	
				0,00263	
291	11. IV. 0,800 g. Trockengew. 61,7.	21	8,5	0,0050	0,0023
		44	13,2	40	
				0,0045	
292	26. IV. 0,270 g. Trockengew. 83,6.	23	3,9	0,00096	0,0019
		43	5,5	72	
		a	79,2	—	
				0,00084	
293	21. XI. 0,425 g. Trockengew. 65,0.	92	0	—	0

Versuchsreihe 26.

Pinus silvestris II. $a = 39,6$ [1]). 1,00 g Nadeln [1]).

Nr.	Präparat	Stunden	mg Maltose	k	Sf
294	11. XI. 20. Trockengew. 45,5.	6	12,5	0,028	0,0137
		22	25,9	21	
		27	32,1	27	
				0,025	
295	25. XI. Trockengew. 41,8.	18	15,1	0,0116	0,0066
		24	17,8	108	
		48	25,9	110	
				0,0110	
296	3. XII. Trockengew. 45,6.	18	16,9	0,0134	0,0079
		23	22,3	156	
				0,0145	
297	13. XII. Trockengew. 39,8.	22	26,8	0,022	0,0145
		28	31,4	24	
				0,023	
298	20. XII. Trockengew. 38,2.	6	12,5	0,028	0,0157
		22	26,8	22	
		31	30,5	21	
				0,024	

[1]) Wo nicht anderes angegeben ist.

Nr.	Präparat	Stunden	mg Maltose	k	Sf
299	12. I. 21. Trockengew. 43,5.	20	22,5	0,0182	0,0099
		27	24,4	154	
		45	36,7	—	
				0,0168	
300	24. I. Trockengew. 45,7.	22	28,1	0,0244	0,0134
		29	31,9	245	
		46	40,5	—	
				0,0245	
301	2. II. Trockengew. 41,9.	20	33,8	0,0121	0,0139
		44	56,0	121	
		68	64,5	108	
		a	79,2	—	
				0,0117	
302	9. II. Trockengew. 40,7.	23	37,0	0,0118	0,0124
		44	49,1	95	
		70	60,3	89	
		a	79,2	—	
				0,0101	
303	11. II. Trockengew. 46,1.	20	33,8	0,0121	0,0119
		45	50,1	96	
		68	65,6	112	
		a	79,2	—	
				0,0110	
304	23. II. Trockengew. 46,9.	21	39,6	0,0143	0,0131
		45	54,1	110	
		69	66,5	115	
		a	79,2	—	
				0,0123	
305	2. III. Trockengew. 45,5.	21	39,4	0,0147	0,0160
		45	55,5	116	
		69	74,3	175	
		a	79,2	—	
				0,0146	
306	24. V. 22. Trockengew. 54,0.	23	15,5	0,0094	0,0043
		41	23,9	92	
				0,0093	
307	24. V. 22. 0,400 g. Knospen. Trockengew. 41,3.	113	0	—	0

Versuchsreihe 27.
Pinus silvestris III. a = 79,2 [1]). 1,00 g Nadeln [1]).

Nr.	Präparat	Stunden	mg Maltose	k	Sf
308	7. III. 21. Trockengew. 40,9.	21	25,8	0,0081	0,0089
		44	39,4	69	
		69	55,5	76	
		94	59,8	65	
				0,0073	

Nr.	Präparat	Stunden	mg Maltose	k	Sf
309	14. III. Trockengew. 41,4.	20	14,1	0,0042	0,0044
		44	24,2	36	
		68	33,4	35	
		92	38,5	32	
				0,0036	
310	31. III. Trockengew. 45,0.	20	22,5	0,0073	0,0066
		43	35,9	59	
		70	46,1	54	
		91	51,2	50	
				0,0059	
311	6. IV. Trockengew. 45,0.	21	17,1	0,0117	0,0069
		49	27,3	105	
		69	36,0	151	
		a	39,6	—	
				0,0124	
312	25. IV. Trockengew. 53,5.	20	12,4	0,0037	0,0034
		47	24,9	35	
				0,0036	
313	1. IX. Trockengew. 48,6.	20	7,0	0,0042	0,0019
		45	11,1	32	
		71	18,0	37	
		a	39,6	—	
				0,0037	
314	14. IX. Trockengew. 46,6.	19	6,1	0,0018	0,0018
		42	9,4	13	
		67	22,3	21	
				0,0017	
315	10. X. Trockengew. 45,4.	20	8,7	0,0025	0,0019
		44	10,1	13	
		69	18,5	17	
		92	20,5	14	
				0,0017	
316	18. X. Trockengew. 44,5.	22	3,7	0,0019	0,0013
		46	9,2	25	
		70	12,9	25	
		a	39,6	—	
				0,0023	
317	5. XII. Trockengew. 51,6.	19	5,7	0,00168	0,0015
		44	11,1	148	
		67	16,5	151	
				0,00156	
318	11. I. 22. Trockengew. 44,5.	20	10,1	0,0295	0,0032
		44	18,5	262	
		73	30,6	290	
				0,0282	
319	28. I. Trockengew. 45,6.	44	13,9	0,0019	0,0022
		96	31,6	23	
		144	35,5	18	
				0,0020	

[1]) Wo nicht anderes angegeben ist.

Nr.	Präparat	Stunden	mg Maltose	k	Sf
320	13. II. 2,00 g. Trockengew. 45,6.	45 70 93	21,4 33,5 41,1	0,0030 34 34 0,0033	0,0018
321	6. VI. Trockengew. 48,5.	21 44 67	8,5 21,0 25,8	0,0023 30 26 0,0026	0,0027
322	20. VI. Trockengew. 40,6.	21 46 72	7,5 12,4 20,1	0,0020 16 18 0,0018	0,0022
323	25. IV. 21. Knospen. 0,530 g. Trockengewicht 30,6.	47 70 a	3,9 5,5 39,6	0,00096 93 — 0,00095	0,0015
324	6. VI. 22. Jahressprößlinge. Trockengew. 27,8.	44	0	—	0
325	20. VI. Trockengew. 30,0.	46	0	—	0

Versuchsreihe 28.
Pinus silvestris IV. $a = 79.2$.

Nr.	Präparat	Stunden	mg Maltose	k	Sf
326	Ältere Zweige. 1,00 g. Trockengewicht 51,5.	23 46 95	14,3 17,2 27,7	0,0037 23 20 0,0027	0,0026
327	Blumen. 1,00 g. Trockengew. 35,3.	23 46 95	8,5 10,5 18,2	0,0021 13 12 0,0015	0,0021

Versuchsreihe 29.
Phaseolus vulgaris. $a = 79,2$.

Nr.	Präparat	Stunden	mg Maltose	k	Sf
328	9h 30′ vorm. 0,2775 g. Trockengewicht 7,50.	1,5 3 5	22,6 31,6 44,9	0,098 74 73 0,082	1,97
329	2h 30′ nachm. 0,3440 g. Trockengewicht 7,50.	0,5 1 2	13,2 25,8 38,5	0,159 172 144 0,158	3,06
330	10h vorm. 0,5105 g. Trockengew. 8,69.	0,5 1 2 4	10,1 16,4 28,8 43,2	0,117 101 98 86 0,101	1,14

Nr.	Präparat	Stunden	mg Maltose	k	Sf
331	4h nachm. 0,6045 g. Trockengew. 13,4.	0,5 2,5 3,5	7,9 33,6 40,8	0,090 95 90 0,092	0,57
332	10h vorm. 0,3180 g. Trockengew. 10,0.	0,5 1 2 4	17,8 35,3 42,4 61,1	0,22 26 17 16 0,20	3,14
333	4h nachm. 0,3718 g. Trockengew. 10,0.	0,5 2,5 3,5	9,2 32,9 39,2	0,106 93 85 0,095	1,28
334	10h vorm. 0,6564 g. Trockengew. 9,45.	0,5 1 2	12,4 21,8 32,0	0,148 140 112 0,133	1,07
335	2h nachm. 0,7810 g. Trockengew. 7,40.	0,5 1 2	15,5 25,7 30,5	0,188 170 105 0,154	1,33
336	10h vorm. 0,5963 g. Trockengew. 9,55.	0,5 1 2	13,2 20,3 32,9	0,158 129 116 0,134	1,18
337	4h nachm. 0,5955 g. Trockengew. 7,46.	0,5 1 2,5	9,3 17,1 32,0	0,108 105 112 0,108	1,21
383	9h 45′ vorm. 0,5297 g. Trockengewicht 10,7.	0,5 1,5 2	17,2 34,5 40,0	0,210 165 153 0,176	1,66
339	2h nachm. 0,5236 g. Trockengew. 9,25.	0,5 1,5 2	17,9 33,6 40,0	0,22 16 15 0,18	1,85

Versuchsreihe 30.
Phaseolus vulgaris. $a = 79,2$.

Nr.	Präparat	Stunden	mg Maltose	k	Sf
340	10h vorm. 0,5951 g. Trockengew. 9,89.	0,5 1 2 4	10,8 16,4 32,9 45,5	0,128 101 117 93 0,110	0,94
341	4h nachm. 0,7577 g. Trockengew. 9,16.	0,5 2,5 3,5	10,1 36,7 44,0	0,117 108 100 0,108	0,78

Nr.	Präparat	Stunden	mg Maltose	k	Sf
342	9h 45′ vorm. 0,5628 g. Trocken-gewicht 9,64.	1,5 / 2	19,5 / 24,8	0,081 / 82 0,082	0,76
343	2h nachm. 0,5338 g. Trockengew. 8,59.	1,5 / 2	18,7 / 21,8	0,078 / 70 0,074	0,81

Versuchsreihe 31.
Phaseolus vulgaris. $a = 79,2$.

Nr.	Präparat	Stunden	mg Maltose	k	Sf
344	9h 30′ vorm. 0,3143 g. Trocken-gewicht 10,2.	0,5 / 1 / 2,5	10,8 / 20,3 / 38,5	0,128 / 130 / 116 0,125	1,95
345	2h 30′ nachm. 0,4633 g. Trocken-gewicht 7,79.	0,5 / 1 / 2	12,4 / 23,4 / 34,5	0,148 / 152 / 124 0,141	1,96
346	9h 30′ vorm. 0,3180 g. Trockengewicht 10,3.	0,5 / 1 / 2	17,1 / 26,5 / 40,0	0,21 / 18 / 15 0,18	2,75
347	Nach 24 Stunden. 0,3905 g. Trockengewicht 9,15.	0,5 / 1 / 2	17,9 / 28,1 / 37,5	0,22 / 19 / 14 0,18	2,52

Versuchsreihe 32.
Phaseolus multiflorus $a. = 79,2$.

Nr.	Präparat	Stunden	mg Maltose	k	Sf
348	10 30′ vorm. 0,7400 g. Trockengewicht 10,0.	1 / 2 / 3	21,5 / 32,5 / 41,4	0,137 / 115 / 107 0,120	0,81
349	4h nachm. 0,7934 g. Trockengew. 9,46.	0,5 / 2 / 3	7,0 / 29,1 / 36,1	0,080 / 99 / 88 0,089	0,59
350	10h vorm. 1,531 g. Trockengew. 8,66.	1 / 2	24,9 / 33,5	0,16 / 12 0,14	0,54
351	4h nachm. 1,049 g. Trockengew. 8,66.	0,5 / 2,5 / 3,0	7,8 / 29,1 / 38,7	0,090 / 79 / 97 0,089	0,49
352	1h nachm. 1,121 g. Trockengew. 7,80.	1 / 2 / 3	12,8 / 25,7 / 36,1	0,077 / 85 / 88 0,083	0,48

Nr.	Präparat	Stunden	mg Maltose	k	Sf
353	9h 30′ vorm. 0,4190 g. Trocken-gewicht 8,83.	1 / 2 / 3	12,0 / 18,5 / 28,8	0,071 / 58 / 65 0,065	0,88
354	2h nachm. 0,5410 g. Trockengew. 9,55.	1 / 2 / 3	14,8 / 24,2 / 32,5	0,090 / 79 / 76 0,082	0,79
355	6h 30′ nachm. 0,6630 g. Trocken-gewicht 9,20.	0,5 / 1 / 1,5	6,6 / 14,8 / 22,3	0,074 / 90 / 96 0,087	0,71

Versuchsreihe 33.
Phaseolus multiflorus. $a = 79,2$.

Nr.	Präparat	Stunden	mg Maltose	k	Sf
356	10h 30 vorm. 0,6365 g. Trocken-gewicht 10,0.	1 / 2 / 3	19,6 / 31,7 / 41,2	0,123 / 111 / 107 0,114	0,90
357	4h nachm. 0,6678 g. Trockengew. 9,46.	0,5 / 2 / 3	11,1 / 31,7 / 39,6	0,130 / 111 / 100 0,114	0,90
358	10h vorm. 0,6836 g. Trockengew. 6,50.	1 / 2 / 3	10,2 / 18,0 / 26,5	0,060 / 61 / 59 0,060	0,68
359	4h nachm. 0,6420 g. Trockengew. 6,50.	0,5 / 2,5 / 3	4,3 / 20,5 / 26,5	0,048 / 52 / 59 0,053	0,64
360	1h nachm. 0,8805 g. Trockengew. 7,80.	1 / 2 / 3	11,1 / 21,5 / 28,2	0,065 / 69 / 64 0,066	0,48
361	9h 30′ vorm. 0,4115 g. Trocken-gewicht 10,7.	1 / 2 / 3	11,1 / 18,5 / 27,8	0,065 / 58 / 63 0,062	0,71
362	2h nachm. 0,5917 g. Trockengew. 9,54.	1 / 2 / 3	14,8 / 25,1 / 33,5	0,090 / 83 / 79 0,084	0,75
363	6h 30′ nachm. 0,4993 g. Trocken-gewicht 10,0.	0,5 / 1 / 1,5	5,6 / 10,1 / 14,8	0,062 / 58 / 60 0,060	0,60

Versuchsreihe 34.
Phaseolus vulgaris. $a = 79,2.$

Nr.	Präparat	Stunden	mg Maltose	k	Sf
364	I. 0 Tagen. Kotyledonen. 1,00 g. Trockengew. 92,0.	24 / 48 / 72	15,7 / 37,3 / 46,9	0,0040 / 57 / 54 ‾ 0,0050	0,0027
365	4 Tagen. Kotyledonen. 1,20Cg. Trockengew. 54,0.	23 / 47 / 72	12,0 / 29,7 / 44,0	0,0031 / 43 / 49 ‾ 0,0041	0,0032
366	6 Tagen. 0,5345 g. Trockengew. 43,4.	4 / 7,5	35,5 / 49,5	0,065 / 57 ‾ 0,061	0,132
367	8 Tagen. Kotyledonen. 0,3624 g. Trockengew. 45,3.	2,5 / 4 / 8	13,9 / 22,3 / 46,8	0,034 / 36 / 49 ‾ 0,040	0,122
368	Endosperme. 0,1222 g. Trockengewicht 22,0.	2 / 4 / 8	10,1 / 18,5 / 27,8	0,0293 / 289 / 235 ‾ 0,0272	0,505
369	11 Tagen. Kotyledonen. 0,4540 g. Trockengew. 29,1.	2 / 3 / 4	42,1 / 57,4 / 59,4	0,165 / 187 / 151 ‾ 0,168	0,635
370	Endosperme. 0,2465 g. Trockengewicht 14,4.	1 / 2 / 4	23,3 / 32,5 / 45,9	0,151 / 114 / 94 ‾ 0,120	1,69
371	13 Tagen. Kotyledonen. 0,2404 g. Trockengew. 48,0.	0,5 / 1 / 2	18,5 / 33,5 / 51,5	0,230 / 238 / 228 ‾ 0,232	1,00
372	Endosperme. 0,1866 g. Trockengewicht 11,1.	0,5 / 1 / 2	8,5 / 19,5 / 28,8	0,098 / 122 / 99 ‾ 0,106	2,56
373	18 Tagen. Blatt. 0,0522 g. Trockengewicht 19,6.	0,5 / 1,5 / 3	4,6 / 15,5 / 24,5	0,051 / 63 / 53 ‾ 0,056	2,74
374	Stiel. 0,2451 g. Trockengew. 9,58.	0,5 / 1,5 / 3	4,6 / 10,8 / 20,9	0,051 / 43 / 45 ‾ 0,046	0,981

Nr.	Präparat	Stunden	mg Maltose	k	Sf
375	22 Tagen. Blatt. 0,0907 g. Trockengewicht 17,9.	0,5 / 1 / 2	8,8 / 17,3 / 25,5	0,102 / 107 / 84 ‾ 0,098	3,02
376	Stiel. 0,4528 g. Trockengew. 5,58.	0,5 / 1 / 2	5,8 / 11,8 / 20,7	0,066 / 69 / 67 ‾ 0,067	1,32
377	26 Tagen. Blatt. 0,1112 g. Trockengewicht 19,1.	1 / 2 / 4,5	10,8 / 20,9 / 35,6	0,064 / 57 / 58 ‾ 0,063	1,48
378	Stiel. 0,7347 g. Trockengew. 7,49.	1 / 2 / 4,5	12,6 / 22,7 / 37,5	0,075 / 73 / 62 ‾ 0,070	0,638
379	31 Tagen. Blatt. 0,0760 g. Trockengewicht 23,2.	1 / 2 / 4	10,8 / 16,4 / 29,1	0,064 / 50 / 50 ‾ 0,055	1,56
380	Stiel. 0,5464 g. Trockengew. 8,15.	1 / 2 / 4	8,1 / 11,7 / 25,5	0,046 / 35 / 42 ‾ 0,041	0,0460
381	II. 4 Tagen. 1,500 g. Trockengewicht 44,9.	5,5 / 23 / 29	22,3 / 59,5 / 67,7	0,0258 / 262 / 289 ‾ 0,0270	0,0200
382	6 Tagen. 0,5440 g. Trockengew. 43,1.	3 / 7,5	24,2 / 46,0	0,053 / 50 ‾ 0,052	0,111
383	8 Tagen. Kotyledonen. 0,4512 g. Trockengew. 38,0.	2 / 4 / 8	25,7 / 49,5 / 64,0	0,086 / 106 / 90 ‾ 0,094	0,274
384	Endosperme. 0,1850 g. Trockengewicht 19,0.	4 / 8	28,7 / 37,3	0,049 / 35 ‾ 0,042	0,598
385	11 Tagen. Kotyledonen. 0,3768 g. Trockengew. 33,0.	2 / 3 / 5	45,0 / 59,4 / 69,8	0,182 / 201 / 185 ‾ 0,189	0,760
386	Endosperme. 0,2084 g. Trockengewicht 16,5.	1 / 2 / 4	21,4 / 33,5 / 43,0	0,136 / 119 / 85 ‾ 0,113	1,64

Nr.	Präparat	Stunden	mg Maltose	k	Sf
387	13 Tagen. Kotyledonen. 0,2063 g. Trockengew. 45,0.	0,5	23,3	0,304	1,41
		1	34,5	248	
		2	52,6	237	
				0,263	
388	Endosperme. 0,1830 g. Trockengewicht 9,50.	0,5	9,2	0,108	3,22
		1	19,5	122	
		2	30,6	106	
				0,112	
389	18 Tagen. Kotyledonen. 0,2249 g. Trockengew. 34,0.	1	37,5	0,28	1,70
		2	52,5	24	
				0,26	
390	Blatt. 0,0557 g. Trockengew. 19,5.	1,5	14,5	0,058	2,53
		3	27,3	61	
		5	32,8	46	
				0,055	
391	Stiel. 0,2332 g. Trockengew. 8,37.	0,5	4,6	0,051	1,59
		1,5	16,4	67	
		3	30,1	69	
				0,062	
392	22 Tagen. Blatt. 0,0840 g. Trockengewicht 17,0.	0,5	7,8	0,091	3,05
		1	15,5	94	
		2	23,7	77	
				0,087	
393	Stiel. 0,4116 g. Trockengew. 7,60.	0,5	7,8	0,091	1,39
		1	15,5	94	
		2	23,7	77	
				0,087	
394	26 Tagen. Blatt. 0,0878 g. Trockengewicht 22,1.	1	12,6	0,075	1,75
		2	20,9	67	
		4,5	37,5	62	
				0,068	
395	Stiel. 0,4887 g. Trockengew. 7,45.	1	12,6	0,075	0,950
		2	21,8	70	
		4,5	37,5	62	
				0,069	
396	31 Tagen. Blatt. 0,1202 g. Trockengewicht 15,4.	1	12,6	0,075	1,73
		2	19,1	60	
		4	31,9	56	
				0,064	
397	Stiel. 0,4427 g. Trockengew. 7,85.	1	7,1	0,040	0,663
		2	15,5	47	
		4	29,1	50	
				0,046	
398	III. 4 Tagen. 1,400 g. Trockengewicht 51,1.	5,5	29,7	0,037	0,0210
		23	65,0	32	
		47	70,7	21	
				0,030	

Nr.	Präparat	Stunden	mg Maltose	k	Sf
399	6 Tagen. 0,5583 g. Trockengew. 38,1.	4	36,4	0,067	0,139
		7,5	46,0	50	
				0,059	
400	8 Tagen. Kotyledonen. 0,4290 g. Trockengew. 38,4.	2,5	22,3	0,058	0,191
		4	34,5	62	
		8	56,5	68	
				0,063	
401	Endosperme. 0,1160 g. Trockengewicht 19,0.	4	18,5	0,0289	0,582
		8	26,9	225	
				0,0257	
402	11 Tagen. Kotyledonen. 0,4075 g. Trockengew. 33,8.	2	44,0	0,176	0,657
		3	56,4	180	
		4	64,9	186	
				0,181	
403	Endosperme. 0,3255 g. Trockengewicht 14,6.	1	24,2	0,158	1,34
		2	34,5	124	
		4	47,7	100	
				0,127	
404	13 Tagen. Kotyledonen. 0,2563 g. Trockengew. 43,7.	0,5	25,1	0,35	1,34
		1	37,3	28	
		2	56,4	27	
				0,30	
405	Endosperme. 0,2449 g. Trockengewicht 8,55.	0,5	11,1	0,129	2,91
		1	21,4	137	
		2	28,8	99	
				0,122	
406	18 Tagen. Blatt. 0,0575 g. Trockengewicht 32,0.	1	9,0	0,052	1,47
		2	18,2	57	
		5	35,6	52	
				0,054	
407	Stiel. 0,3908 g. Trockengew. 9,35.	1	9,9	0,058	0,765
		5	36,5	54	
				0,056	
408	22 Tagen. Blatt. 0,1036 g. Trockengewicht 18,2.	0,5	10,8	0,128	2,89
		1	17,3	107	
		2	27,3	92	
				0,109	
409	Stiel. 0,4720 g. Trockengew. 7,89.	0,5	5,8	0,066	0,805
		1	9,8	58	
		2	18,2	57	
				0,060	
410	26 Tagen. Blatt. 0,0570 g. Trockengewicht 24,2.	1	10,8	0,064	2,10
		2	20,0	63	
		4,5	30,0	46	
				0,058	
411	Stiel. 0,4675 g. Trockengew. 9,63.	1	14,5	0,088	0,955
		2	25,5	84	
				0,086	

Nr.	Präparat	Stunden	mg Maltose	k	Sf
412	IV. 4 Tagen. 1,300g. Trockengewicht 46,1.	6	8,3	0,0080	0,0068
		47	47,7	85	
		72	58,4	81	
				0,0082	
413	6 Tagen. 0,6020g. Trockengew. 41,7.	4	34,5	0,062	0,119
		7,5	49,5	57	
				0,060	
414	8 Tagen. Kotyledonen. 0,3485g. Trockengew. 38,9.	2,5	17,6	0,043	0,170
		4	25,7	43	
		8	47,7	51	
				0,046	
415	Endosperme. 0,1854g. Trockengewicht 18,9.	2	14,8	0,045	0,656
		4	28,7	49	
		8	44,0	44	
				0,046	
416	11 Tagen. Kotyledonen. 0,4288g. Trockengew. 38,1.	2	32,5	0,114	0,377
		3	47,7	129	
		4	54,4	126	
				0,123	
417	Endosperme. 0,3175g. Trockengewicht 15,5.	1	25,1	0,165	1,38
		2	38,3	143	
		4	47,7	100	
				0,136	
418	13 Tagen. Kotyledonen. 0,2936g. Trockengew. 44,4.	0,5	9,2	0,108	0,373
		1	12,9	77	
		2	30,6	106	
				0,097	
419	Endosperme. 0,1463g. Trockengewicht 17,6.	0,5	6,6	0,076	1,34
		1	11,1	65	
		2	19,5	61	
				0,069	
420	22 Tagen. Blatt. 0,0518g. Trockengewicht 23,8.	1	11,7	0,069	2,72
		2	20,9	67	
		3	29,1	66	
				0,067	
421	Stiel. 0,4349g. Trockengew. 12,0.	1	12,6	0,075	0,730
		2	24,6	81	
		3	30,9	72	
				0,076	
422	31 Tagen. Blatt. 0,0295g. Trockengewicht 28,0.	1	6,2	0,035	2,06
		2	12,6	38	
		4	18,2	28	
				0,034	
423	Stiel. 0,3095g. Trockengew. 10,8.	1	10,8	0,064	1,03
		2	23,5	76	
		4	36,6	67	
				0,069	

Nr.	Präparat	Stunden	mg Maltose	k	Sf
424	V. 4 Tagen. 1,400g. Trockengew. 47,1.	5,5	9,2	0,0098	0,0083
		23	38,3	125	
		47	54,5	108	
				0,0110	
425	6 Tagen. 0,5770g. Trockengew. 43,6.	4	30,6	0,056	0,101
		7,5	43,0	45	
				0,051	
426	8 Tagen. Kotyledonen. 0,3741g. Trockengew. 43,8.	2	11,8	0,035	0,138
		4	27,8	47	
		8	49,6	53	
				0,045	
427	Endosperme. 0,1327g. Trockengewicht 22,0.	4	16,6	0,026	0,515
		8,5	32,5	33	
				0,030	
428	11 Tagen. Kotyledonen. 0,4850g. Trockengew. 32,4.	2	30,6	0,106	0,347
		3	41,1	106	
		4	51,5	114	
				0,109	
429	Endosperme. 0,1990g. Trockengewicht 16,9.	1	12,9	0,075	1,06
		2	22,3	72	
		4	35,5	65	
				0,071	
430	13 Tagen. Kotyledonen. 0,2100g. Trockengew. 41,0.	0,5	15,7	0,192	1,13
		1	26,9	180	
		2	49,6	214	
				0,195	
431	Endosperme. 0,1773g. Trockengew. 9,18.	0,5	8,5	0,098	3,07
		1	16,6	102	
		2	27,8	99	
				0,100	
432	18 Tagen. Kotyledonen. 0,2132g. Trockengew. 30,0.	1	23,7	0,155	1,19
		2	42,2	165	
		5	62,7	136	
				0,152	
433	Blatt. 0,0430g. Trockengew. 32,0.	1	6,5	0,037	1,52
		2	16,4	50	
		5	29,1	40	
				0,042	
434	Stiel. 0,2030g. Trockengew. 9,10.	1	4,6	0,026	0,730
		2	9,9	29	
		5	20,9	27	
				0,027	
435	22 Tagen. Blatt. 0,0518g. Trockengewicht 25,4.	1	12,6	0,075	2,66
		2	22,8	74	
		3	27,3	61	
				0,070	

Nr.	Präparat	Stunden	mg Maltose	k	Sf
436	Stiel. 0,3098 g. Trockengew. 12,2.	1 2 3	14,5 24,6 31,9	0,087 81 75 — 0,081	1,07
437	26 Tagen. Blatt. 0,4000 g. Trockengewicht 47,4.	1 2 4,5	9,0 16,4 30,0	0,052 50 46 — 0,049	1,29
438	Stiel. 0,7588 g. Trockengew. 10,0.	1 2 4,5	12,6 21,8 36,5	0,055 50 41 — 0,049	0,646

Versuchsreihe 35.
Phaseolus vulgaris. $a = 79,2$.

Nr.	Präparat	Stunden	mg Maltose	k	Sf
439	0 % Glycerin. 2 Tagen. Blatt. 0,1160 g. Trockengewicht 17,9.	1 2 4	8,5 18,2 27,7	0,049 57 47 — 0,051	1,23
440	Stiel. 0,5400 g. Trockengew. 6,15.	1 2 4	9,5 19,1 30,5	0,055 60 53 — 0,056	0,845
441	3 Tagen. Blatt. 0,0543 g. Trockengewicht 19,1.	1 2 4	10,8 20,0 26,4	0,064 63 44 — 0,057	2,75
442	Stiel. 0,3983 g. Trockengew. 8,43.	1 2 4	12,6 22,7 35,6	0,075 73 65 — 0,071	1,06
443	4 Tagen. Blatt. 0,0597 g. Trockengewicht 14,0.	1 2	10,8 20,9	0,064 67 — 0,066	3,94
444	Stiel. 0,5615 g. Trockengew. 7,61.	1 2	12,6 21,8	0,075 70 — 0,073	0,865
445	5 Tagen. Blatt. 0,1370 g. Trockengewicht 20,2.	1 2 3	14,3 25,8 33,5	0,087 86 79 — 0,084	1,52
446	Stiel. 0,6457 g. Trockengew. 8,43	1 2 3	13,3 24,9 28,6	0,080 82 65 — 0,076	0,699

Nr.	Präparat	Stunden	mg Maltose	k	Sf
447	1 % Glycerin. 3 Tagen. Blatt. 0,0463 g. Trockengewicht 22,8.	1 2 4	9,0 18,2 27,3	0,052 57 46 — 0,052	2,47
448	Stiel. 0,3165 g. Trockengew. 12,7.	1 2 4	15,5 21,8 36,5	0,094 70 67 — 0,077	0,959
449	2 % Glycerin. 3 Tagen. Blatt. 0,0450 g. Trockengewicht 23,9.	1 2 4	10,8 20,9 30,0	0,064 67 52 — 0,061	2,84
450	Stiel. 0,3385 g. Trockengew. 14,9.	1 2 4	15,5 27,3 42,2	0,094 92 83 — 0,090	0,892
451	4 Tagen. Blatt. 0,0285 g. Trockengewicht 17,2.	1 2	6,3 12,6	0,036 38 — 0,037	3,77
452	Stiel. 0,2803 g. Trockengew. 12,1.	1 2	11,7 20,9	0,070 67 — 0,069	1,02
453	3 % Glycerin. 2 Tagen. Blatt. 0,0750 g. Trockengewicht 22,5.	1 2 4	12,4 21,0 30,5	0,074 67 53 — 0,065	1,92
454	Stiel. 0,3385 g. Trockengew. 11,1.	1 2 4	14,3 23,9 34,5	0,086 78 62 — 0,075	1,00
455	3 Tagen. Blatt. 0,0425 g. Trockengewicht 20,1.	1 2 4	10,8 20,0 31,0	0,064 63 54 — 0,060	3,51
456	Stiel. 0,2925 g. Trockengew. 13,5.	1 2 4	14,5 26,4 37,5	0,088 88 70 — 0,082	1,04
457	4 Tagen. Blatt. 0,0340 g. Trockengewicht 21,9.	1 2 3	9,9 15,5 20,0	0,058 47 42 — 0,049	3,29
458	Stiel. 0,3160 g. Trockengew. 14,6.	1 2 3	13,5 22,7 31,8	0,081 73 75 — 0,076	0,825

Nr.	Präparat	Stunden	mg Maltose	k	Sf
459	5 Tagen. Blatt. 0,0650 g. Trockengewicht 33,1.	1	10,5	0,061	1,37
		2	20,1	63	
		4	30,5	53	
				0,059	
460	Stiel. 0,4247 g. Trockengew. 13,3.	1	17,2	0,106	0,825
		2	26,7	89	
		3	34,5	83	
				0,093	
461	5 % Glycerin. 4 Tagen. Blatt. 0,0520 g. Trockengewicht 17,6.	1	9,9	0,058	3,17
		2	18,2	57	
				0,058	
462	Stiel. 0,4390 g. Trockengew. 11,0.	1	18,2	0,114	1,03
		2	29,1	99	
		3	34,7	83	
				0,099	

Versuchsreihe 36.
Phaseolus vulgaris. $a = 79,2$.

Nr.	Präparat	Stunden	mg Maltose	k	Sf
463	1 Tag. Blatt. 0,0977 g. Trockengewicht 18,4.	1	13,3	0,080	2,11
		2	24,9	82	
		4	35,5	65	
				0,076	
464	Stiel. 0,4188 g. Trockengew. 7,80.	1	14,3	0,086	1,21
		2	22,9	74	
		4	40,4	78	
				0,079	
465	2 Tagen. Blatt. 0,0435 g. Trockengewicht 24,2.	1	7,5	0,043	2,04
		2	14,3	43	
		4	25,8	43	
				0,043	
466	Stiel. 0,3715 g. Trockengew. 7,97.	1	18,1	0,112	1,60
		2	26,7	89	
		3	34,5	83	
				0,095	
467	5 Tagen. Blatt. 0,1370 g. Trockengewicht 20,2.	1	14,3	0,087	1,52
		2	25,8	86	
		3	33,5	79	
				0,084	
468	Stiel. 0,6457 g. Trockengew. 8,45.	1	13,3	0,080	0,69
		2	24,9	82	
		3	28,6	65	
				0,076	
469	6 Tagen. Blatt. 0,1440 g. Trockengewicht 19,2.	1	19,1	0,119	1,81
		2	28,6	97	
		4	42,4	83	
				0,100	

Nr.	Präparat	Stunden	mg Maltose	k	Sf
470	Stiel. 0,4740 g. Trockengew. 10,2.	1	19,1	0,119	1,10
		2	32,5	114	
		4	43,3	86	
				0,106	
471	1 % Tartrat. 2 Tagen. Blatt. 0,0877 g. Trockengewicht 19,2.	1	13,3	0,080	2,17
		2	23,9	78	
		4	33,5	60	
				0,073	
472	Stiel. 0,5145 g. Trockengew. 8,45.	1	16,2	0,099	1,05
		2	28,6	97	
		4	40,4	78	
				0,091	
473	4 Tagen. Blatt. 0,0408 g. Trockengewicht 23,7.	1	10,5	0,062	2,74
		2	17,2	53	
		4	26,7	45	
				0,053	
474	Stiel. 0,4145 g. Trockengew. 10,6.	1	15,3	0,093	0,935
		2	25,8	86	
		4	36,5	67	
				0,082	
475	5 Tagen. Blatt. 0,0590 g. Trockengewicht 20,2.	1	8,5	0,049	2,01
		2	16,2	50	
		4	23,9	44	
				0,048	
476	Stiel. 0,4562 g. Trockengew. 10,4.	1	16,2	0,099	0,770
		2	25,2	86	
		3	34,5	83	
				0,089	
477	6 Tagen. Blatt. 0,0813 g. Trockengewicht 21,7.	1	13,3	0,080	2,32
		3	34,5	83	
				0,082	
478	Stiel. 0,4617 g. Trockengew. 10,7.	1	18,1	0,112	0,940
		2	24,9	82	
		3	35,5	86	
				0,093	
479	1 % Weinsäure. 1 Tag. Blatt. 0,0417 g. Trockengewicht 31,1.	1	11,4	0,068	2,24
		2	19,1	60	
		4	26,7	45	
				0,058	
480	Stiel. 0,2230 g. Trockengew. 7,06.	1	9,5	0,055	1,71
		2	18,1	56	
		4	29,6	51	
				0,054	
481	2 Tagen. Blatt. 0,0420 g. Trockengewicht 36,1.	1	12,4	0,074	2,21
		2	22,9	74	
		4	30,5	53	
				0,067	

19*

Nr.	Präparat	Stunden	mg Maltose	k	Sf
482	Stiel. 0,2950 g. Trockengew. 7,97.	1	14,3	0,086	1,59
		2	23,9	78	
		4	34,5	62	
				0,075	
483	1 % Milchsäure. 1 Tag. Blatt. 0,0433 g. Trockengewicht 24,8.	1	11,4	0,068	2,94
		2	19,1	60	
		4	34,5	62	
				0,063	
484	Stiel. 0,2520 g. Trockengew. 6,87.	1	18,1	0,112	2,69
		2	25,8	86	
		4	41,4	80	
				0,093	
485	2 Tagen. Blatt. 0,0390 g. Trockengewicht 57,0.	1	17,2	0,106	2,25
		2	27,7	94	
				0,100	
486	Stiel. 0,3075 g. Trockengew. 6,70.	1	16,2	0,099	2,09
		2	25,8	86	
		3	31,5	73	
				0,086	

Versuchsreihe 37.
Phaseolus vulgaris. $a = 79{,}2$.

Nr.	Präparat	Stunden	mg Maltose	k	Sf
487	1 Tag. Blatt. 0,0940 g. Trockengewicht 24,3.	1	17,2	0,106	2,06
		2	29,6	101	
		3	32,5	76	
				0,094	
488	Stiel. 0,3445 g. Trockengew. 9,19.	1	18,1	0,112	1,39
		2	23,9	78	
		3	34,5	83	
				0,088	
489	3 Tagen. Blatt. 0,1465 g. Trockengewicht 18,9.	1	19,1	0,120	1,90
		2	30,5	106	
		3	36,5	89	
				0,105	
490	Stiel. 0,5377 g. Trockengew. 7,90.	1	16,2	0,100	1,11
		2	28,6	97	
		3	35,5	86	
				0,094	
491	1 % Zitronensäure. Blatt. 0,1505 g. Trockengew. 24,6.	1	21,0	0,133	1,51
		2	31,5	110	
		3	37,5	93	
				0,112	
492	Stiel. 0,6340 g. Trockengew. 7,83.	1	16,2	0,099	0,959
		2	28,6	97	
		3	36,5	89	
				0,095	

Nr.	Präparat	Stunden	mg Maltose	k	Sf
493	3 Tagen. Blatt. 0,1313 g. Trockengewicht 20,2.	1	19,1	0,120	1,96
		2	28,6	97	
		3	38,5	96	
				0,104	
494	Stiel. 0,4740 g. Trockengew. 10,0.	1	17,2	0,106	0,940
		2	25,8	86	
		3	32,5	76	
				0,089	

Versuchsreihe 38.
Phaseolus vulgaris. $a = 79{,}2$.

Nr.	Präparat	Stunden	mg Maltose	k	Sf
495	5 Tagen. Blatt. 0,1253 g. Trockengewicht 27,7.	1	17,2	0,106	1,36
		2	28,6	97	
		3	33,5	79	
				0,094	
496	Stiel. 0,4400 g. Trockengew. 7,85.	1	14,2	0,087	1,03
		2	19,1	60	
		3	26,7	65	
				0,071	
497	7 Tagen. 0,1405 g. Trockengew. 22,9.	1	12,4	0,074	1,12
		2	22,0	70	
		3	31,5	73	
				0,072	
498	Stiel. 0,5240 g. Trockengew. 6,95.	1	11,4	0,068	0,865
		2	20,1	64	
		3	25,8	57	
				0,063	
499	1 Tag. Blatt. 0,1150 g. Trockengewicht 20,3.	1	18,1	0,112	2,10
		2	28,6	97	
		3	35,5	86	
				0,098	
500	Stiel. 0,7065 g. Trockengew. 7,76.	1	20,1	0,126	0,98
		2	28,6	97	
		3	39,5	100	
				0,108	
501	3 Tagen. 0,2170 g. Trockengew. 15,6.	1	22,0	0,142	1,83
		2	34,5	124	
		3	41,4	107	
				0,124	
502	Stiel. 0,6050 g. Trockengew. 7,67.	1	17,2	0,106	1,11
		2	31,5	110	
		3	37,4	93	
				0,103	
503	5 Tagen. Blatt. 0,2583 g. Trockengewicht 14,5.	1	19,1	0,120	1,48
		2	32,5	114	
		3	38,5	99	
				0,111	

Nr.	Präparat	Stunden	mg Maltose	k	Sf
504	Stiel. 0,7883 g. Trockengew. 7,56.	1	16,2	0,100	0,765
		2	26,7	88	
		3	35,5	86	
				0,091	
505	7 Tagen. Blatt. 0,3210 g. Trockengewicht 14,3.	1	23,9	0,156	1,43
		2	34,5	124	
		3	42,3	114	
				0,131	
506	Stiel. 0,8550 g. Trockengew. 7,95.	1	14,2	0,087	0,640
		2	28,6	97	
		3	32,5	76	
				0,087	

Versuchsreihe 39.
Phaseolus vulgaris. $a = 79,2$.

Nr.	Präparat	Stunden	mg Maltose	k	Sf
507	Nichtabgeschnittene. 0,9112 g. Trockengewicht 6,43.	1	9,8	0,057	0,427
		2	16,4	50	
		4	26,4	44	
				0,050	
508	0,8064 g. Trockengewicht 6,30.	1	8,8	0,052	0,423
		2	14,5	44	
		4	20,9	33	
				0,043	

Nr.	Präparat	Stunden	mg Maltose	k	Sf
509	Abgeschnittene. 0,7463 g. Trockengewicht 7,43.	1	10,8	0,064	0,478
		2	16,4	50	
		4	27,3	46	
				0,053	
510	0,9995 g. Trockengewicht 5,91.	1	9,8	0,057	0,440
		2	18,2	57	
		4	25,5	42	
				0,052	
511	Das Wasser.	23	0	—	0

Versuchsreihe 40.
Ulmus scabra. $a = 79,2$. 1,00 g Blätter.

Nr.	Präparat	Stunden	mg Maltose	k	Sf
512	Sonnenblätter. Trockengew. 36,9.	26	27,7	0,0072	0,0088
		47	38,5	61	
		70	50,1	62	
				0,0065	
513	Halbsonne. Trockengew. 36,9.	26	28,6	0,0074	0,0088
		47	37,5	59	
		70	50,1	62	
				0,0065	
514	Schattenblätter. Trockengew. 36,9.	26	27,7	0,0072	0,0091
		47	40,4	66	
		70	50,1	62	
				0,0067	

II. Die Temperaturempfindlichkeit der Amylase von Phaseolus vulgaris.

Mit 14 Abbildungen im Text.

Inhalt:

1. Einleitung.

Zwischen aus dem Tierreich stammenden stärkespaltenden Enzymen (Ptyalin, Pankreasdiastase) und solchen aus dem Pflanzenreich (Malzamylase u. a.) herrscht in vielen Beziehungen ein großer Unterschied. Dieser zeigt sich z. B. in dem Verhalten der Enzyme zu der Wasserstoffionenkonzentration der Lösungen sowie zu anorganischen

Neutralsalzen usw. Besonders die obengenannten drei Amylasen sind in diesen Hinsichten Gegenstand eingehenden Studiums gewesen. Über die Voraussetzungen für die Wirkung der anderen Pflanzenamylasen liegen jedoch nur wenige Arbeiten vor. Es ist daher von großem Interesse, ein solches Enzym näher zu untersuchen, um festzustellen, ob es sich genau wie die Malzamylase verhält und ob alle Amylasen, die aus dem Pflanzenreiche stammen, als identisch angesehen werden können.

Der folgende Teil dieser Arbeit soll ein Versuch in dieser Richtung sein und wird hauptsächlich das Verhalten der Amylase bei verschiedenen Temperaturen behandeln.

Da es bei solchen Versuchen wünschenswert ist, ein möglichst reines und wirksames Präparat anzuwenden, lag es nahe, zu dieser Arbeit die aus den Phaseolusarten erhaltenen Amylase zu wählen, da es sich durch meine vorhergehenden Untersuchungen erwiesen hatte, daß diese Pflanzen ein besonders wirksames Enzym enthalten.

2. Die Herstellung des Enzympräparates.

Da, wie aus dem Vorhergehenden ersichtlich, der Amylasegehalt mit dem Entwicklungsstadium der Pflanzen bedeutend variiert, wurde ein Stadium gewählt, in welchem die Amylasewirkung besonders kräftig war. Dies ist bei Phaseolus der Fall, wenn die Pflanze eine Größe von 7 bis 10 cm erreicht hat. Keimpflanzen dieser Größe wurden oberhalb der Wurzel, welche keine nennenswerten Enzymmengen enthält, abgeschnitten und in einem Porzellanmörser mit feinem Seesand und der kleinstmöglichen Menge Wasser zerrieben, bis eine dicke Masse entstand. Zu 50 Pflanzen, welche ungefähr 100 g wiegen, wurden 50 ccm Wasser genommen. Die erhaltene Masse ließ man unter Zusatz von Toluol einige Tage stehen, wobei die Zellen zu autolysieren begannen und das Enzym leichter freigemacht wurde, preßte sie in einer Handpresse durch ein Tuch und filtrierte. Das Filtrat wurde 24 Stunden durch Kollodiumhülsen dialysiert und aufs neue filtriert. Aus der oben angegebenen Menge erhielt man ungefähr 100 ccm. Längere Dialysierung ergab zwar ein Präparat mit etwas geringerem Trockengewicht, gleichzeitig wurde aber die Amylasewirkung so bedeutend vermindert, daß es keinen Zweck hatte, mit der Reinigung des Enzyms auf diese Art fortzufahren. Auch Versuche betreffend Reinigung durch Absorption mit verschiedenen Stoffen ergaben als Resultat, daß die Enzymwirkung in allzu hohem Grade vermindert wurde. Deshalb wurde zu diesen Versuchen eine nach eintägiger Dialysierung erhaltene Lösung verwendet. In untenstehender Tabelle sind einige Konstanten angegeben, welche die verschiedenen Präparate charakterisieren. Die Art, auf welche die Konstanten erhalten wurden, wird im folgenden beschrieben.

Tabelle I.

Nummer des Präparats	k = konstant bəi der Verzuckerung	d = konstant nach der Jodmethode	Trockengewicht $\%$	Sf	d/k
I.	0,138	—	0,25	20,7	—
II.	0,165	—	0,25	24,8	—
III.	0,103	—	—.	—	—
IV.	0,147	0,28	—	—	1,9
V.	0,31	0,62	—	—	2,0
VI.	0,209	0,42	0,32	24,5	2,0
VII.	0,052	—	—	—	—
VIII.	0,207	0,20	—	—	1,9
IX.	0,46	0,52	—	—	1,1
X.	0,183	0,36	0,27	25,4	2,0
XI.	0,229	0,30	0,22	39,0	1,3

Die Reaktionskonstanten für die Verzuckerung und das Verschwinden der Stärkereaktion sind in dieser Tabelle auf 1 ccm Enzymlösung berechnet. Der Reinheitsgrad der verschiedenen Präparate ist im großen und ganzen gleich, da der Wert von Sf in den Fällen, wo er bestimmt wurde, nur unbedeutend variierte. Aus der letzten Kolumne, die das Verhalten der beiden Konstanten zueinander angibt, ist ersichtlich, daß die dort aufgeführten Werte mit Ausnahme von zwei Fällen (IX und XI) beinahe konstant sind. *Effront*[1]), der die Amylasebildung bei keimenden Getreidekörnern untersuchte, fand, daß sich das Verzuckerungs- und das Verkleisterungsvermögen nicht parallel entwickeln. Das erstere erreicht schneller ein Maximum und nimmt dann ab, während das letztere sich langsamer entwickelt und länger auf einem Maximumwert verweilt. *Chrzaszcz*[2]), welcher auch das Verhältnis zwischen diesen beiden Stadien in der Stärkespaltung bei Gegenwart von Malzamylase untersuchte, gibt an, daß die stärkeverflüssigende und stärkeverzuckernde Kraft selbständig bestehende und wirkende Enzyme sind, deren Entwicklung voneinander unabhängig ist.

Durch Behandlung und Extraktion des Diastasepräparats mit verschiedenen Reagenzien erhielten *Chrzaszcz* und *Terlikowski*[3]) nämlich ganz ungleiche Verhältnisse in bezug auf das Verkleisterungs-, Dextrinierungs- und Verzuckerungsvermögen. Diese verschiedenen Kräfte variieren auch untereinander sehr in ihrem Verhalten gegenüber den einzelnen Getreidearten[4]). Ob das Verhältnis konstant für jede Art war, darüber sagt er nichts. Auf Grund seiner Beobachtungen meint er aber, daß man die Werte von allen drei obengenannten Reaktionen bestimmen muß, um einen richtigen Begriff von der Wirkung

---

[1]) *Effront*, C. r. **141**, 626, 1905.
[2]) *Chrzaszcz* und *Joscht*, diese Zeitschr. **80**, 211, 1917.
[3]) *Chrzaszcz* und *Terlikowski*, Wochenschr. f. Brauw. **29**, 636, 1912.
[4]) *Chrzaszcz*, ebendaselbst **30**, 538, 1913.

der stärkespaltenden Enzyme zu erhalten. Das dextrinierende Enzym ist jedoch in hohem Grade von den stärkelösenden und verzuckernden Enzymen abhängig.

3. Methodik.

Will man das Spaltungsvermögen der Amylase näher untersuchen, so ist es also wünschenswert, sowohl dem Verlauf der Verkleisterung wie dem der Verzuckerung folgen zu können. Die einzige Methode, mit welcher man den Verlauf der erstgenannten Reaktion messen kann, ist die, welche sich auf die Bestimmung der Viskositätsveränderung der Stärkelösung gründet. Eine solche Methode stößt jedoch auf große praktische Schwierigkeiten, vor allem stellt sie große Ansprüche an die Beschaffenheit des Substrates und eignet sich schon aus diesem Grunde nicht. Um das erste Stadium der Stärkespaltung zu untersuchen, kann jedoch die Jodmethode angewendet werden. Das Prinzip derselben ist, festzustellen, wann das Substrat unter den eingehaltenen Bedingungen verbraucht ist. Aber selbst wenn das Verschwinden der blauen Farbe ein hinreichend scharfes Anzeichen dafür ist, daß das gesamte Stärkesubstrat gespalten worden ist, so gestattet die Methode doch nur, einen „limes"-Wert zu ermitteln, während der Verlauf der Reaktion bis zum Eintritt dieses Wertes ungemessen bleiben muß. Da der erhaltene „limes"-Wert innerhalb gewisser Grenzen aber proportional der Enzymwirkung ist, kann er als ein Maßstab für dieselbe angesehen werden.

Für die Bestimmung des Verzuckerungsvermögens wird dieselbe Methode, wie im vorhergehenden Teil dieser Arbeit beschrieben, benutzt. Die Konzentrationen waren jedoch andere. Folgende Mengen sind stets angewendet worden:

2 proz. Stärkelösung	25	ccm
Enzymlösung	0,5 bis 2	,,
4 proz. Phosphatlösung	10	,,
mit destilliertem Wasser verdünnt zu . . .	50	ccm

Hiervon wurden für jede Zuckerbestimmung 10 ccm entnommen und zu 10 ccm Sodalösung gegeben.

Auch bei diesen gereinigten Enzymlösungen kann man damit rechnen, daß die Spaltung monomolekular verläuft. Dies gilt jedoch nur so lange, bis 75% der theoretischen Maltosemenge gebildet worden ist. Dies stimmt also überein mit den Resultaten, die mit Malzamylase erhalten worden sind. Die Verkleisterung der Stärke geht jedoch während der ganzen Zeit mit derselben Geschwindigkeit vor sich, und es ist nur die Maltosebildung, welche abnimmt, ehe die Reaktion zu Ende ist. Eine meßbare Menge Glykose kann während der Zeit, in der die Reaktion beobachtet und bestimmt wurde, nicht gebildet werden. Dies geht aus folgenden Versuchen hervor.

0,5 g Maltose wurden in 50 ccm Flüssigkeit, enthaltend Phosphat gewöhnlicher Konzentration ($p_H = 5{,}2$), aufgelöst und 1 ccm Enzymlösung, $k = 0{,}209$, zugesetzt. Die Reaktion wurde wie gewöhnlich bei 40^0 ausgeführt und die Bildung der Glykose durch Bestimmung des Reduktionsvermögens verfolgt. Folgende Resultate ergaben sich:

Tabelle II.

Stunden	$K\,Mn\,O_4$ ccm	Maltose mg
0	9,8	95,7
19	11,3	111,0
43	12,0	112,0

In 43 Stunden ist das Reduktionsvermögen ganz unbedeutend verändert worden, die Bildung von Maltose wurde aber nur während 3 Stunden beobachtet.

Um das Verschwinden der Stärkereaktion zu bestimmen, wurde die von *Wohlgemuth*[1]) ausgearbeitete Methode, jedoch etwas modifiziert, angewendet. Da man, wenn man nicht eine große Anzahl Röhren zu der Bestimmung anwenden will, mit dieser Methode keine besondere Genauigkeit erreicht, habe ich durch Beobachtung der Farbentöne die zwischenliegenden Werte abgeschätzt. Da jedoch für eine solche Abschätzung *eine* Bestimmung nicht ausreichend ist, sind Proben nach verschieden langen Zeiten entnommen und die Farben nach Jodzusatz beobachtet worden.

Nachstehend wird die Ausführung der Bestimmung näher beschrieben. Fünf Reagenzgläser wurden laut untenstehender Tabelle beschickt.

Tabelle III.

Nummer	1	2	3	4	5
ccm 2 proz. Stärkelösung	2	4	6	8	10
„ Enzymlösung	1	1	1	1	1
„ 4 proz. Phosphatlösung . . .	3	3	3	3	3
„ destillierten Wassers	14	12	10	8	6
Summa Volumen	20	20	20	20	20

Die Reagenzgläser wurden in einem Wasserthermostat (40^0) versenkt und nach bestimmten Zwischenräumen jedem 5 ccm entnommen, welche man in 2 ccm verdünnte Salzsäure fließen ließ. Jeder Röhre wurde die gleiche Menge verdünnte Jodlösung tropfenweise zugesetzt und die Farbe beobachtet. *Wohlgemuth* schreibt vor, daß als „limes" die erste Probe, welche keine blaue Nüance hat, genommen wird, also die, welche rot oder gelb ist. Der Unterschied in der Stärkemenge

---

[1]) *Wohlgemuth*, diese Zeitschr. 9, 1, 1909.

zwischen zwei aufeinander folgenden Röhren beträgt in meinen Versuchen stets 2 ccm 2 proz. Lösung. Wenn die Anzahl Kubikzentimeter in zwei solchen Röhren mit A und B bezeichnet wird, geschieht die Abschätzung auf die in Tabelle IV veranschaulichte Weise, wo die einzelnen Möglichkeiten zu den Farbenübergängen skizziert sind. Nach *Wohlgemuth* ist „limes" in allen Farbenübergängen durch den Wert auf A bestimmt. In der letzten Kolumne sind die Werte angegeben, die ich in den einzelnen Fällen auf „limes" erteilt habe.

Tabelle IV.

$A - 2$	A	B	$B + 2$	ccm in „limes"
gelb	gelb	blau	blau	$A + 0,5$
„	„	blauviolett	„	$A + 1,0$
„	„	violett	„	$A + 1,5$
„	„	rotviolett	„	B
„	rot	blau	„	A
„	„	blauviolett	„	$A + 0,5$
„	„	violett	„	$A + 1,0$
„	„	rotviolett	„	$A + 1,5$

Wird der auf „limes" erhaltene Wert mit der Anzahl Minuten, während welcher die Reaktion vor sich ging, dividiert, so erhält man fast konstante Werte. Diese sind mit d bezeichnet. Nachstehend ein Beispiel.

Tabelle V.

Minuten	2 ccm	4	6	8	10	ccm in „limes"	d
15	gelb	violett	blau	blau	blau	3,5	0,23
20	„	rot	blauviolett	„	„	4,5	0,23
30	„	gelb	rot	violett	„	7,0	0,23
40	„	„	gelb	rot	violett	9,0	0,23

Die Übereinstimmung ist jedoch nicht immer ganz so gut wie in diesem Falle, da aber drei bis vier Proben genommen worden sind, kann der Durchschnittswert als vollständig zufriedenstellend angesehen werden. d gibt also die Anzahl Kubikzentimeter 2 proz. Stärkelösung an, die innerhalb einer Minute von 1 ccm Enzymlösung gespalten wird. Eine Berechnung per Trockengewicht ist nicht gemacht worden, da es sich nur um relative Werte handelte und die Berechnung stets auf 1 ccm Enzymlösung ausgeführt wurde.

4. Das Verzuckerungsvermögen.

a) Der Einfluß der Azidität.

Es galt zuerst zu untersuchen, inwiefern sich das Enzym in gereinigtem Zustande zu den Wasserstoffionenkonzentrationen genau so verhält wie in Gegenwart der Pflanzenteile. Es wäre sehr wohl denk-

bar, daß das reine Enzym empfindlicher gegen die Azidität bzw. Alka-
lität der Lösung ist. Nachstehende Tabelle VI und die Kurve (Abb. 1)
zeigen jedoch, daß dies nicht der Fall ist. Die beiden Kurven fallen
in allen Teilen zusammen; sowohl das Optimum wie die Neigung der

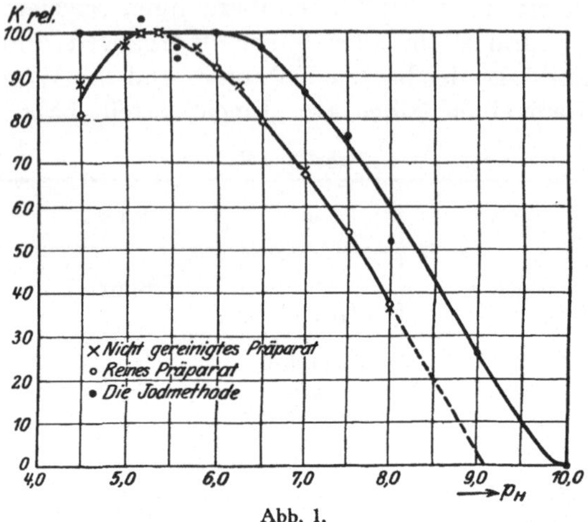

Abb. 1.

Kurve sind in beiden Fällen gleich. Die Wasserstoffionenkonzentration
bei Optimum ist also auch hier ungefähr $p_H = 5,2$ und stimmt mit
dem mit Malzamylase erhaltenen Werte überein. Die Werte der
Reaktionskonstante bei $p_H = 5,2$ sind im folgenden $= 100$ gesetzt.

Tabelle VI.

Beilagen Nr.	p_H	k	k relativ
92	4,5	0,30	81,0
93	5,2	0,37	100
94	5,4	0,37	100
95	6,0	0,34	92,0
96	6,5	0,29	78,5
97	7,0	0,25	67,5
98	7,5	0,20	54,0
99	8,0	0,14	37,8

b) Bestimmung der Temperaturkoeffizienten.

Die Enzymreaktionen sind im allgemeinen von der Temperatur
abhängig, bei welcher sie ausgeführt werden. Für Malzamylase ist
37 bis 40⁰ als die Temperatur angegeben worden, bei der das Enzym
das größte Spaltungsvermögen hat. Bei meinen früheren Untersuchungen mit Pflanzenpräparaten ist die Hydrolyse der Stärke stets
bei 40⁰ ausgeführt worden, ohne näher zu untersuchen, ob diese Tempe-

ratur die zweckentsprechendste oder wie groß der Temperaturkoeffizient ist. Dies ist darum bei dem reinen Präparat untersucht worden.

Laut einer von *Arrhenius* aufgestellten Formel kann die Reaktionskonstante k_2 bei Temperaturen T_2 aus der Reaktionskonstante k_1 berechnet werden, bei der Temperatur T_1

$$k_2 = k_1 e^{\frac{A\,(T_2 - T_1)}{R\,\cdot\,T_1 T_2}}.$$

Hier bedeutet A eine Konstante, R die Gaskonstante, die hier gleich 2 gesetzt werden kann, und T die Temperatur in absolutem Maß.

Aus dieser Gleichung erhält man:

$$A = \frac{\log\left(\frac{k_2}{k_1}\right) \cdot T_1 \cdot T_2 \cdot 2}{M\,(T_2 - T_1)}$$

$M = \log e = 0{,}4343\ldots$

Dadurch, daß man die Reaktionskonstante bei zwei verschiedenen Temperaturen bestimmt, kann man also A berechnen. Nach Untersuchungen von *Ernström*[1] auf Malzamylase war der Wert für dieses Enzym nicht konstant, sondern der Wert des Verhältnisses $\frac{k_2}{k_1}$ sinkt mit steigender Temperatur, und folglich sinkt auch A. Zu demselben Resultat kamen *Lüers* und *Wasmund*[2]. In Tabelle VII sind die von diesen Verfassern erhaltenen Werte von A angegeben worden.

Tabelle VII.

Temperaturzone	Ernström	Lüers und Wasmund
0 — 10	17 900	—
10 — 20	12 800	—
20 — 30	12 100	12 126
30 — 40	8 200	9 669
40 — 50	—	7 326

Bei meinen Untersuchungen von 0,5 bis 47^0 fand ich, wie Tabelle VIII a und b zeigen, daß der Wert von A auch hier mit steigender Temperatur sinkt. Der absolute Wert ist jedoch bedeutend kleiner als für Malzamylase. Es ist ferner aus den erhaltenen Werten ersichtlich, daß das Reaktionsvermögen noch bei 0^0 recht groß ist und daß die Reaktionsgeschwindigkeit ein Maximum bei ungefähr 40^0 erreicht und dann wieder sinkt.

---

[1] *Ernström*, Zeitschr. f. physiol. Chem. **119**, 190, 1922.
[2] *Lüers* und *Wasmund*, Fermentf. **5**, 169, 1922.

<table>
<tr><td colspan="3" align="center">Tabelle VIII a.</td></tr>
<tr><td>Beilagen Nr.</td><td>Temperatur</td><td>k relativ</td></tr>
<tr><td>40, a</td><td>0,5⁰</td><td>12,2</td></tr>
<tr><td>1</td><td>17,5</td><td>36,1</td></tr>
<tr><td>2</td><td>30,0</td><td>70,5</td></tr>
<tr><td>3</td><td>40,0</td><td>100</td></tr>
<tr><td>4</td><td>47,0</td><td>93,5</td></tr>
</table>

	Tabelle VIII a.	
Beilagen Nr.	Temperatur	k relativ
40, a	$0,5^0$	12,2
1	17,5	36,1
2	30,0	70,5
3	40,0	100
4	47,0	93,5

	Tabelle VIII b.		
Beilagen Nr.	Temperatur-zone	$\frac{k_t}{k_:}$	A
40, a, 1	$0 - 20^0$	3,0	10 200
1 — 2	20 — 30	2,0	9 400
2 — 3	30 — 40	1,4	6 700

c) Die Abhängigkeit der Temperaturempfindlichkeit von der Azidität.

Euler und *Laurin*[1]) haben die Temperaturempfindlichkeit der Saccharase und ihre Abhängigkeit von der Azidität der Reaktionsmischung untersucht. Das Enzym wurde während einer bestimmten Zeit bei verschiedenen Temperaturen in Gegenwart von Phosphatlösung einer bestimmten Wasserstoffionenkonzentration erhitzt. Nach der Erhitzung wurde die Inversion auf gewöhnliche Weise ausgeführt. Als „Tötungstemperatur" geben sie diejenige Temperatur an, bei welcher das Enzym 60 Minuten bei optimalem p_H erhitzt werden muß, um die Reaktion auf die Hälfte zu vermindern. *Ernström* hat diese Methode auf Malzamylase angewendet. Er hat die Bestimmungen bei 50 und 55⁰ und einer Stunde Erhitzung aus-

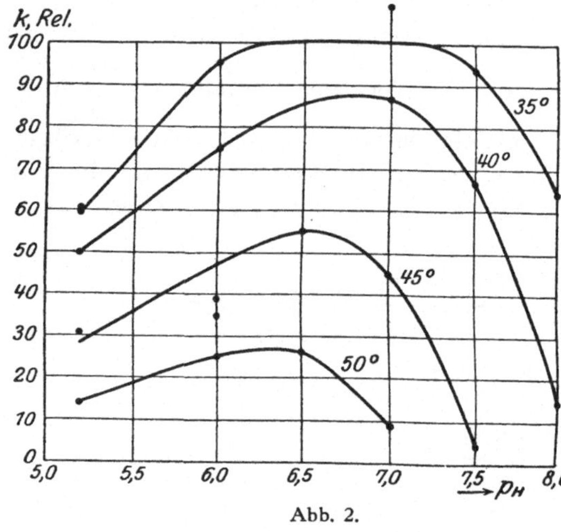

Abb. 2.

geführt und erhielt ein Stabilitätsmaximum bei $p_H = 6$, also nicht bei demselben p_H, wo die Wirkung ohne Erhitzung am größten ist. Wenn die sogenannte p_H-Kurve die Dissoziationsrestkurve für einen amphoteren Elektrolyt oder eine Säure bedeuten sollte, so wäre dies gleichbedeutend damit, daß durch Erhitzung des Enzyms seine Dissoziationskonstante verändert oder eine neue Verbindung gebildet wird.

Meine Versuche mit Bohnenamylase wurden auf folgende Weise ausgeführt. 1 bis 2 ccm Enzymlösung + 10 ccm 4proz. Phosphat-

---

[1]) *Euler* und *Laurin*, Zeitschr. f. physiol. Chem. **108**, 64, 1919.

lösung bekannter Wasserstoffionenkonzentration wurden in geschlossener Röhre durch Einführung in den Wasserthermostat eine bestimmte Zeit erhitzt, nach Beendigung der Erhitzung unmittelbar auf 40^0 abgekühlt, worauf zu der Mischung 25 ccm 2proz. Stärkelösung und so viel Wasser, alles mit 40^0 Temperatur, zugesetzt wurde, daß das Volumen 50 ccm betrug, und die Reaktion darauf wie gewöhnlich ausgeführt. Die relativen Werte, die für die Reaktionskonstanten in Tabelle IX angegeben sind, wurden dadurch erhalten, daß die Reaktionskonstanten nach der Erhitzung mit den Konstanten bei gleichem p_H ohne Erhitzung dividiert wurden.

In den verschiedenen Versuchsserien sind die letztgenannten Werte nur für einen p_H-Wert bestimmt und die anderen aus der p_H-Kurve berechnet. Die Versuchsresultate sind in Tabelle IX und Abb. 2 angegeben. In diesen Versuchsserien betrug die Zeit der Erhitzung stets 60 Minuten.

Tabelle IX.

Beilagen N-.	p_H	Enzym-lösung	18^0	35^0	40^0	45^0	50^0	55^0	60^0
6—13	5,2	I	109	59,0 / 60,0	49,5	30,9	14,1	1,27	0
14—18	6,0	I	—	95,5	75,0	34,5	25,0	1,50	—
25	6,0	II	—	—	—	39,0	—	—	—
19	6,5	I	—	—	—	55,6	—	—	—
26	6,5	II	—	—	—	—	26,5	—	—
33	6,5	III	—	—	—	—	—	1,98	—
20—21	7,0	I	—	—	87,0	45,5	—	—	—
27—28	7,0	II	—	109	—	—	9,35	—	—
22—23	7,5	I	—	—	67,0	4,55	—	—	—
29	7,5	II	—	94,0	—	—	—	—	—
40, 34	8,0	III	—	64,1	15,0	—	—	—	—

Vollständige Kurven sind bei 35, 40, 45 und 50^0 konstruiert worden. Die Resultate zeigen, daß die Stabilität am größten bei $p_H = 6$ bis 7 ist, also auch hier eine Verschiebung nach der alkalischen Seite zu im Verhältnis zu dem p_H, bei welchem die Reaktion ein Maximum ohne Erhitzung erreicht. Ferner zeigen die erhaltenen Werte, daß dieses Enzym bedeutend empfindlicher gegen den Einfluß der Temperatur als Malzamylase ist. Bei Erhitzung auf 55 bis 60^0 wird das Enzym beinahe vollständig zerstört. Bereits bei 40^0 wird es deutlich bei allen Aziditäten geschwächt. Besonders empfindlich ist das Enzym gegen alkalische Reaktion.

In den Abb. 3 bis 6 sind die relativen Werte der Konstanten, die bei gleichem p_H, aber verschiedenen Temperaturen erhalten wurden, eingezeichnet. Aus diesen Abbildungen ist ersichtlich, daß die Inaktivierung bei steigender Temperatur sehr schnell und im großen und

        K. Sjöberg:

ganzen linjär vor sich geht. Bereits bei $p_H = 5{,}2$, wo die Reaktionskonstante ohne Erhitzung ein Maximum erreicht, ist die Temperaturempfindlichkeit besonders groß, wenn auch die Inaktivierung nicht

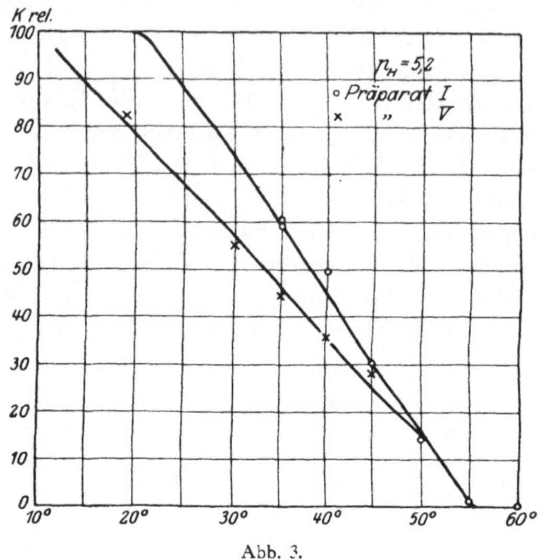

Abb. 3.

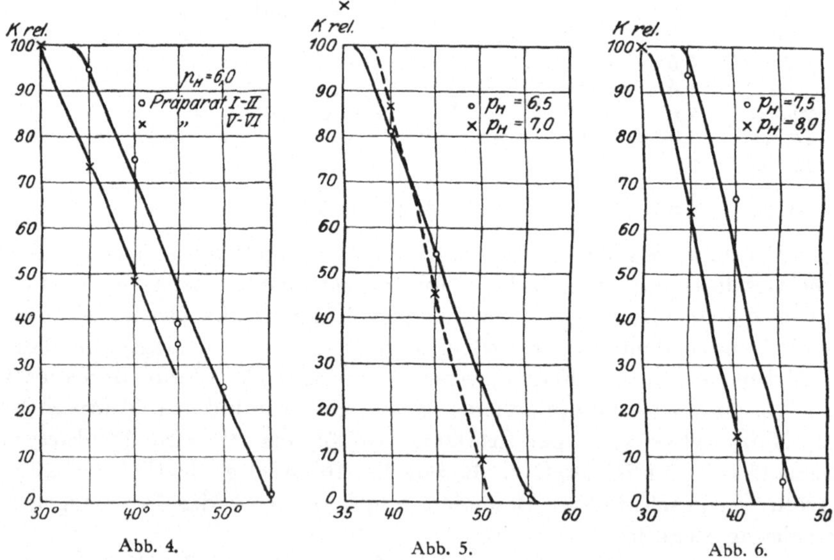

Abb. 4.   Abb. 5.   Abb. 6.

so schnell geschieht, wie bei den übrigen untersuchten Wasserstoffionenkonzentrationen. Laut *Ernströms* Untersuchungen auf Malzamylase besteht bei diesem Enzym keine direkte Proportionalität zwischen der Inaktivierung und der Temperatur. Die Inaktivierung geht zuerst langsam vor sich, wird aber bei steigender Temperatur erhöht.

Die oben beschriebenen Versuche wurden teilweise mit anderen Präparaten wiederholt, hierbei wurden aber etwas abweichende Werte erhalten (Tabelle X, Abb. 3 bis 4).

Tabelle X.

Beilagen Nr.	p_H	Enzym-lösung	19^0	30^0	35^0	40^0	45^0
47—51	5,2	V	81,6	56,2	44,5	35,9	29,6
61	5,2	V	—	55,8	—	—	—
59	6,0	V	—	—	—	48,5	—
65, 72	6,0	VI	—	100	73,4	—	—
45	6,5	V	—	—	—	82,5	—
73	8,0	VI	—	100	—	—	—

Diese letzteren Lösungen erwiesen sich als noch empfindlicher gegen den Einfluß der Temperatur, so daß die Kurven in den Abbildungen etwas nach links verschoben werden. Die Konzentration und der Reinheitsgrad der verschiedenen Präparate variierte etwas, wie aus der Tabelle I ersichtlich. Es wurde jedoch von den schwächeren Lösungen, wie aus den Angaben in den Beilagen hervorgeht, 2 ccm und von den stärkeren 1 ccm genommen, so daß die Reaktionskonstanten bei $p_H = 5{,}2$ im allgemeinen der gleichen Größenordnung, ungefähr 0,2, waren. Was die Malzamylase anbegrifft, so hat *Ernström* den großen Einfluß nachgewiesen, den die Enzymkonzentration während der Erhitzung auf die Inaktivierung ausübt.

Tabelle XI.

Beilagen Nr.	p_H	5 ccm Phosphatlösung	10 ccm Phosphatlösung	10 ccm Phosphatlösung 10 ccm Wasser	10 ccm Phosphatlösung 15 ccm Wasser
90—91	5,2	—	0,105	—	0,102
87—89	6,0	0,038	0,033	0,039	—

Es sind darum auch einige Versuche ausgeführt worden, um dieses Verhältnis mit Bohnenamylase zu untersuchen. Das Enzym wurde 60 Minuten lang bei 40^0 in verschiedenen Konzentrationen erhitzt. Die Resultate sind in Tabelle XI angegeben. 1 ccm Enzym ist während der Erhitzung mit 5 bis 25 ccm Phosphatlösung verdünnt worden. Innerhalb dieser Grenzen kann kein Einfluß bemerkt werden, sondern der Wert der Reaktionskonstanten bleibt sich gleich. Die Bestimmungen sind für zwei verschiedene p_H ausgeführt, und die Werte auf die Konstanten variierten in den beiden Versuchen. Es kann folglich nicht die Enzymkonzentration sein, welche die obengenannten verschiedenen Werte der Inaktivierung verursacht.

Besonders bemerkenswert ist die große Schutzwirkung der Stärke auf das Enzym. Diese ist für Malzamylase von *Wohl* und *Glimm*[1] untersucht worden. Die Spaltung der Stärke ist in meinen Versuchen stets bei 40° ausgeführt worden. Bei Abwesenheit der Stärke vermindert sich jedoch bei dieser Temperatur und bei allen Wasserstoffionenkonzentrationen die Amylasewirkung bedeutend. Man könnte aus diesem Grunde auch annehmen, daß das Phosphat, welches bei der Erhitzung in recht starker Konzentration vorhanden ist, zu der Inaktivierung beitragen könnte. Aus diesem Grunde sind Versuche mit schwächeren Phosphatkonzentrationen ausgeführt worden. In verschiedenen Proben wurden folgende Mengen 4proz. Phosphatlösung verwendet:

	I	II	III	IV
Phosphat	10 ccm	5 ccm	2,5 ccm	1 ccm
H_2O	—	5 ccm	7,5 ccm	9 ccm

Erhitzung während 60 Minuten bei 40°; nach Beendigung derselben wurde zu den einzelnen Proben so viel Phosphatlösung zugesetzt, daß die Menge in jeder Probe 10 ccm betrug, und darauf die Bestimmung der Amylasewirkung auf gewöhnliche Weise ausgeführt. Das in Tabelle XI angegebene Resultat zeigt, daß Phosphat keinen Einfluß auf die Amylasewirkung ausübt.

Tabelle XII.

Beilagen Nr.	p_H	k			
		I	II	III	IV
42—43	5,2	0,064	0,064	—	—
80, 83—85	6,5	0,12	0,12	0,13	0,12

Es wurde ferner folgender Versuch ausgeführt:

Das Enzym wurde mit 10 ccm Wasser ohne Phosphatzusatz erhitzt und erst nach der Erhitzung 10 ccm Phosphat — $p_H = 5{,}2$ — zugesetzt. Der Wert der Reaktionskonstante war 0,201 (Beilage 86); ohne vorhergehende Erhitzung wurde bei $p_H = 5{,}2$ der Wert 0,228 erhalten. Der relative Wert der Reaktionskonstante nach der Erhitzung ist 88,1. Die Wasserstoffionenkonzentration der verdünnten Enzymlösung wurde mit Indikatoren bestimmt und als vollkommen neutral befunden, nämlich $p_H = 7{,}0$. Dibromsulfophthalein, dessen Umschlagspunkt zwischen $p_H = 6{,}8$ bis 7,6 liegt, zeigte z. B. eine grüne Farbe. Betrachtet man Abb. 2 daraufhin, eine wie große Inaktivierung bei $p_H = 7{,}0$ und 40° eintritt, so erhält man den Wert 87,0, welcher

---

[1] *Wohl* und *Glimm*, diese Zeitschr. **27**, 365, 1910.

mit dem in diesem Versuch erhaltenen gut übereinstimmt. Dies bildet
also eine weitere Stütze für die Annahme, daß Phosphat irgendwelchen
Einfluß nicht ausübt. Die verschiedenen Werte auf die Inaktivierung
dürften also einer Verunreinigung zuzuschreiben sein, die in sehr kleinen
Mengen vorkommt.

Wenn man die Werte der „Tötungstemperatur" in der von *Euler*
vorgeschlagenen Weise bei 60 Minuten Erhitzung und optimalem p_H
berechnet, so erhält man rund 45^0. Als optimaler p_H ist da 6,5 an-
genommen, d. h. der Wert, welcher nach der Erhitzung Optimum ist.

d) Der zeitliche Verlauf der Inaktivierung.

Für einige Enzyme gilt, daß die Inaktivierung durch die Erhitzung monomolekular verläuft. Wenn E die ursprüngliche Konzentration des wirksamen Enzyms und y die während der Zeit t
zerstörte Enzymmenge bezeichnet, so erhält man in diesem Falle

$$\frac{dy}{dx} = k_c (E - y),$$

welche Gleichung durch Integration

$$k_c = \frac{1}{t} \ln \frac{E}{E - y}$$

ergibt.

Nimmt man weiter an, daß die Geschwindigkeit der durch das
Enzym katalysierten Reaktion proportional der Konzentration des
wirksamen Enzymteiles ist, so ist E bestimmt durch die Reaktionskonstante k und man erhält

$$k_c = \frac{1}{t} \ln \frac{k_a}{k_t},$$

wo $k_t =$ die Reaktionskonstante nach der Erhitzung während der
Zeit t und k_a ohne vorhergehende Erhitzung ist. k_c bezeichnet den
Inaktivierungskoeffizienten. Was Saccharase anbetrifft, so haben
Euler und *Laurin*[1]) gefunden, daß die Inaktivierung bei steigender
Erhitzungszeit langamer als nach dieser Formel vor sich geht, d. h.,
daß der Wert auf k_c sinkt. Daß dies auch der Fall mit Malz- und Speichel-
amylase ist, haben *Ernströms* Untersuchungen bewiesen.

Was die Bohnenamylase anbetrifft, so stellen sich diese Verhältnisse etwas anders, wie aus den Tabellen XIII bis XV und Abb. 7
hervorgeht. Bei der nach der Erhitzung optimalen Wasserstoffionenkonzentration $p_H = 6,5$ sinkt die Inaktivierungskonstante bei ver-
längerter Erhitzung nach und nach wie in den vorhererwähnten Untersuchungen. Begibt man sich dagegen in etwas saurere Gebiete wie
$p_H = 5,2$ bis 6,0, so geschieht die Inaktivierung im Anfang sehr rasch.

---

[1]) *Euler* und *Laurin*, l. c.

Nach 20 bis 30 Minuten ist das Enzym bis auf einen bestimmten Wert inaktiviert, welcher jedoch nachher auch während einer längeren Erhitzung konstant bleibt. Dieser konstante Wert ist für jede Wasserstoffionenkonzentration verschieden.

Die im vorhergehenden erwähnten Untersuchungen an Saccharase, Malz- und Speichelamylase sind nur bei optimalem p_H ausgeführt.

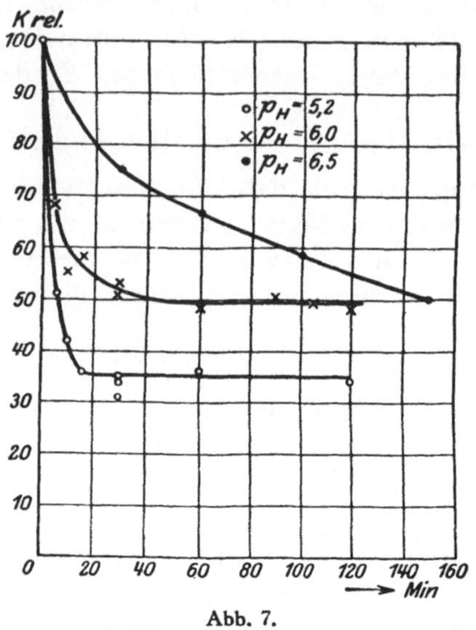

Abb. 7.

Es erübrigt also, zu bestimmen, inwiefern die Verhältnisse für diese Enzyme bei anderen Wasserstoffionenkonzentrationen denjenigen der Bohnenamylase gleichen. Die beiden von *Ernström* ausgeführten Versuchsserien zwecks Bestimmung des k_c-Wertes für Malzamylase zeigen auch den großen Einfluß, den die Konzentration auf das Enzym hat.

Tabelle XIII.

$$p_H = 5,2.$$

Beilagen Nr.	Minuten	k_a	k_t	$100 \dfrac{k_t}{k_a} = k$ rel.
—	0	—	—	100
46, 52	5	0,29	0,148	51,0
46, 53	10	0,29	0,121	41,7
35, 36	15	0,23	0,082	35,6
35, 37	30	0,23	0,071	30,8
35, 38	30	0,23	0,078	34,0
30, 31	30	0,103	0,036	35,0
46, 50	60	0,29	0,104	35,9
35, 39	120	0,23	0,079	34,3

Tabelle XIV.

$$p_\mathrm{H} = 6,0.$$

Beilagen Nr.	Minuten	k_a	k_t	k rel.
—	0	—	—	100
55, 56	5	0,260	0,178	68,5
55, 57	10	0,260	0,144	55,4
54	15	0,263	0,151	58,0
32	30	0,094	0,050	53,2
55, 58	30	0,260	0,133	51,1
55, 59	60	0,260	0,126	48,5
66	90	0,190	0,096	50,5
67	105	0,190	0,094	49,5
55, 60	120	0,260	0,125	48,0

Tabelle XV.

$$p_\mathrm{H} = 6,5.$$

Beilagen Nr.	Minuten	k	k rel.	$k_c\,10^4$
78	0	0,172	100	—
79	30	0,129	75,0	41
80	60	0,115	66,9	29
81	100	0,101	58,7	23
82	150	0,085	49,5	20

e) Die Abhängigkeit des Inaktivierungskoeffizienten von der Temperatur.

Wie aus der vorhergehend erwähnten Formel $k_c = \dfrac{1}{t} \log \dfrac{k_a}{k^t}$ ersichtlich, ist der Inaktivierungskoeffizient in hohem Maße von der Temperatur abhängig. Steigende Temperatur veranlaßt ein sehr

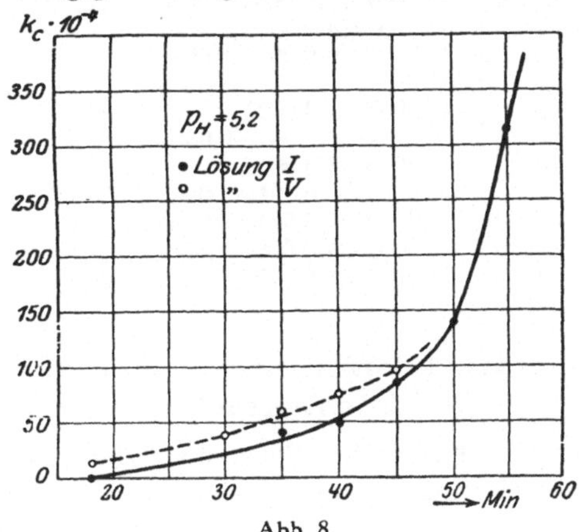

Abb. 8.

rasches Ansteigen, und bei der Temperatur, wo das Enzym vollständig zerstört ist, wird er unendlich groß. Solche Bestimmungen finden sich auch in den vorher angegebenen Arbeiten.

In Tabelle XVI sind die mit Bohnenamylase erhaltenen Werte zusammengestellt. In den Abb. 8 bis 10 sind die Werte der Inaktivierungskoeffizienten als Funktionen der Temperaturen eingezeichnet.

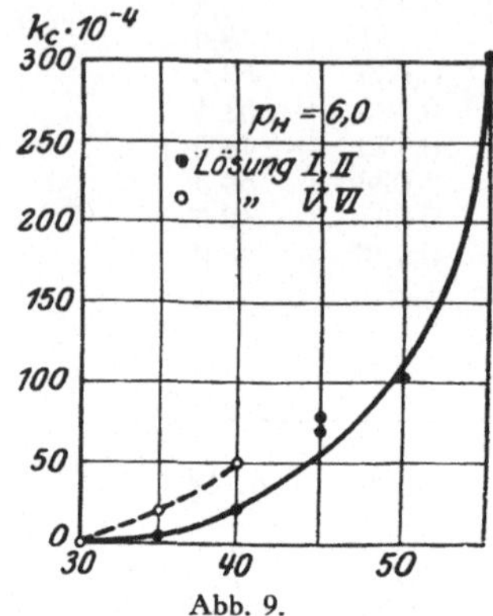

Abb. 9.

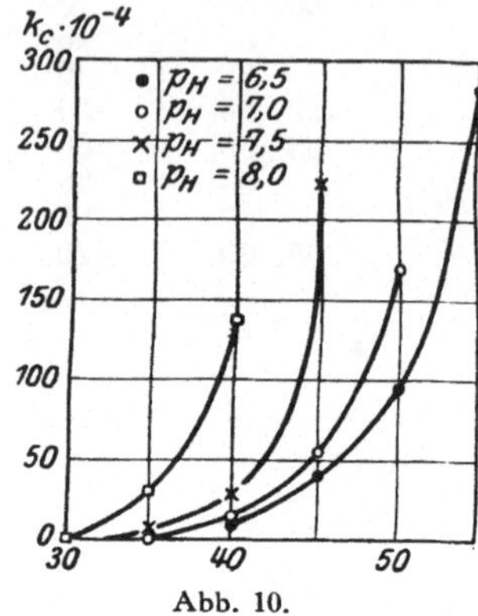

Abb. 10.

Bei über 50° steigt der Wert des Koeffizienten besonders rasch. Je größere alkalische Reaktion die Lösung hat, desto schneller steigt der Wert mit der Temperatur. Hier sind auch die etwas abweichenden Werte zu beachten, die mit den verschiedenen Präparaten erhalten wurden.

Tabelle XVI.

Beilagen Nr.	p_H	18—19°	30°	35°	40°	45°	50°	55°	60°	Enzymlösung
6—13	5,2	0	—	0,0037	0,0051	0,0085	0,0142	0,0316	∞	I
	5,2	—	—	0,0038	—	—	—	—	—	
47—51	5,2	0,0014	0,0042	0,0059	0,0075	0,0088	—	—	—	V
61	5,2	—	0,0043	—	—	—	—	—	—	
14—18	6,0	—	—	0,0003	0,0021	0,0077	0,0103	0,0304	—	I
25	6,0	—	—	—	—	0,0068	—	—	—	II
65, 72, 59	6,0	—	0	0,0022	0,0052	—	—	—	—	V, VI
45, 19, 26, 33	6,5	—	—	—	0,0014	0,0042	0,0096	0,0284	—	V, I, II, III
27, 20, 21, 28	7,0	—	—	0	0,0010	0,0057	0,0171	—	—	I, II
29, 22, 23	7,5	—	—	0,0005	0,0029	0,0224	—	—	—	II, I
73, 40, 34	8,0	—	0	0,0031	0,0137	—	—	—	—	VI, III

f) Die Temperaturkoeffizienten der Inaktivierungskonstanten.

Euler und *Laurin* haben für Saccharase die *Arrhenius*sche Konstante A der Inaktivierung, also die Temperaturkonstante des Koeffizienten k_c für verschiedene p_H berechnet. Sie fanden die Werte zwischen

50000 und 111000 liegend. Temperaturkoeffizienten dieser Größe
sind bei chemischen Reaktionen sehr selten. Die bestimmten A-Werte
liegen im allgemeinen zwischen 10000 und 30000, diejenigen der enzymatischen Reaktionen zwischen 5000 und 20000. Sie haben weiter
gefunden, daß die Temperaturkoeffizienten der Saccharaseinaktivierung
bei der Azidität von $p_\mathrm{H} = 4$ bis 5 ein ausgeprägtes Maximum der Stabilität aufweist. Dieses Maximum fällt fast vollkommen mit dem Azi-
ditätsmaximum der Stabilität der Saccharase zusammen.

Tabelle XVII.

p_H	$35-40^0$	$40-45^0$	$45-\complement 0^0$	$\complement 0-55^0$
5,2	11 200	20 300	21 000	33 900
6,0	—	—	—	46 000
6,5	—	43 800	34 000	46 100
7,0	—	69 500	45 200	—
7,5	67 900	81 500	—	—
8,0	57 500	—	—	—

Berechnet man A aus den Werten von k_c in Tabelle XVI, so erhält
man die Resultate, die in Tabelle XVII angegeben sind. Betreffend
ihren Ziffernwert sind diese bedeutend kleiner als die, welche man
mit Saccharase erhält. Während die Amylase ihre größte Tempe-
raturstabilität bei $p_\mathrm{H} = 6,5$ bis 7,0 hat, so erreicht A, also der
Temperaturkoeffizient der Inaktivierungskonstante, seine höchsten
Werte bei etwas verstärkter alkalischer Reaktion, nämlich bei $p_\mathrm{H} = 7,5$,
soweit es aus der Tabelle herauszulesen möglich war.

g) Der Einfluß des Kochsalzes.

Bereits sehr früh wurde die Entdeckung gemacht, daß anorganische
Salze im höchsten Grade aktivierend auf Ptyalin einwirken. Laut
Michaelis und *Pechstein*[1]) kann das Ptyalin nur bei Anwesenheit von
Salzen wirken, mit welchen es Verbindungen eingeht. Besonders
wirksam ist NaCl. Malzamylase wird dagegen von diesem Salz nicht

Tabelle XVIII.

$p_\mathrm{H} = 6,5$.

Beilagen Nr.	Na Cl $^0/_0$	k	k
62, 68	0	0,210	0,166
63	0,25	0,209	—
69	0,75	—	0,162
70	1,00	—	0,168

---

[1]) *Michaelis* und *Pechstein*, diese Zeitschr. 58, 77, 1914.

aktiviert. Bei Konzentrationen über 1% wird das Spaltungsvermögen allmählich herabgesetzt. Was Bohnenamylase anbelangt, so übt NaCl hier keinen Einfluß auf das Verzuckerungsvermögen aus. 1proz. NaCl

Tabelle XIX.

Beilagen Nr.	p_H	k ohne NaCl	k mit 1 % NaCl
74, 75	5,2	0,103	0,110
76	6,0	0,094	0,091
68, 70	6,5	0,166	0,168
77	7,0	0,068	0,069

hat keine Einwirkung auf den Wert der Reaktionskonstante unabhängig von der Azidität. Dies geht aus den Tabellen XVIII und XIX hervor.

5. Das Verschwinden der Stärkereaktion.

Bei der enzymatischen Spaltung von Stärke verläuft die erste Phase, die Verkleisterung, bedeutend rascher als die Zuckerbildung. Wenn 1 ccm Enzymlösung in einer halben Stunde die Stärke so weit spaltet, daß die Lösung mit Jod eine gelbe oder schwach rötliche Farbe erhält, so dauert es doch zehnmal so lange, ehe die gebildete Zuckermenge 75% der theoretischen Menge erreicht. Wie vorher erwähnt, hört die Zuckerbildung dann beinahe vollständig auf. Wenn man sich denkt, daß die Enzyme, die die Reaktion verursachen, unabhängig voneinander wirken, so sollte wegen der verschiedenen Geschwindigkeiten, mit welchen die Reaktionen verlaufen, eine kleine Änderung des Verkleisterungsvermögens eigentlich keinen Einfluß auf das Verzuckerungsvermögen haben.

Eine direkte Bestimmung der Verkleisterungsgeschwindigkeit ist von mir nicht ausgeführt worden, sondern es wurde nur die Zeit bestimmt, die benötigt wird, bis eine bestimmte Menge Stärke vollständig zu Dextrin oder niedrigem Kohlehydrat gespalten ist. Arbeitet man da bei einem p_H, bei dem z. B. nicht alle Stärke gespalten wird oder die Spaltung sehr langsam verläuft, so wird die obengenannte Methode ergeben, daß keine Reaktion vor sich geht, und man erhält irreführende Resultate. Dies muß bei dem Vergleich der beiden Spaltungsstadien beachtet werden.

Es ist auch zu bemerken, daß die Mengenverhältnisse zwischen Enzym und Stärke etwas verschieden bei der Bestimmung des Verschwindens der Stärkereaktion und des Verzuckerungsvermögens gewesen sind. In dem erstgenannten Falle kommt auf 0,04 bis 0,2 g Stärke 0,5 bis 1 ccm Enzym, im letzteren 0,5 bis 2 ccm Enzym auf 0,5 g Stärke.

a) Der Einfluß der Azidität.

Auch hier galt es zuerst zu bestimmen, innerhalb welcher Azidätsgrenzen die Reaktion vor sich gehen kann. Die Resultate, die aus Tabelle XX ersichtlich sind, zeigen, daß das Optimum für die Reaktion bedeutend breiter als bei der Verzuckerung ist, aber in demselben Gebiet im Verhältnis zur Wasserstoffionenkonzentration liegt. Die Kurven für die beiden Reaktionen (Abb. 1) haben vollständig dieselbe Form im p_H-Diagramm, doch geht die mit der Jodmethode erhaltene außerhalb der, welche für die Verzuckerung gilt. Die erstgenannte Reaktion erreicht Null erst bei $p_H = 10$. Die Verschiebung nach der alkalischen Seite zu entspricht einer Toleranz von beinahe zehnmal so großer Hydroxylionenkonzentration.

Tabelle XX.

Beilagen Nr.	p_H	d	d rel.	d	d rel.
104	4,5	—	—	0,29	100
100	5,2	0,35	103	—	—
101, 105	5,6	0,32	94,0	0,28	96,5
102	6,0	0,34	100	—	—
103	6,5	0,33	97,0	—	—
106	7,0	—	—	0,25	86,2
107	7,5	—	—	0,22	76,0
108	8,0	—	—	0,15	51,7
109	9,0	—	—	0,075	25,8
110	10,0	—	—	0	0

Bei der Berechnung der Werte in folgenden Versuchen sind auch hier gleichwie bei der Verzuckerung die Konstanten für die verschiedenen p_H aus dieser Kurve berechnet und in jeder Versuchsserie nur die Konstante für einen p_H-Wert experimentell bestimmt.

b) Bestimmung der Temperaturkoeffizienten.

Die Geschwindigkeit, mit welcher die Stärke verschwindet, ist bei drei verschiedenen Temperaturen untersucht worden (Tab. XXI u. XXII). Berechnet man hieraus *Arrhenius'* Konstante A, so erhält man im großen und ganzen dieselben Werte für das Temperaturgebiet 20 bis 40°, nämlich 9500. Dieser Wert stimmt überein mit dem bei der Verzuckerung erhaltenen bei 20 bis 30°. Eine Erhöhung der Temperatur innerhalb dieser Grenzen um 10° macht den Wert auf die Konstante 1,65 mal größer.

Tabelle XXI.

Beilagen Nr.	Temperatur	d rel.
139	20,5°	36,6
140	30,0	61,0
141	40,0	100

Tabelle XXII.

Beilagen Nr.	Temperaturgebiet	$\frac{k_1}{k_2}$	A
139, 140	20—30	1,67	9600
140, 141	30—40	1,64	9400
139, 141	20—40	—	9500

c) Die Abhängigkeit der Temperaturempfindlichkeit von der Azidität.

Die Methodik ist im allgemeinen dieselbe wie vorher beschrieben. 5 ccm Enzym + 15 ccm 4 proz. Phosphatlösung wurden zusammen bei der gewünschten Temperatur erhitzt, nach bestimmter Zeit abgekühlt und 4 ccm der obengenannten Mischung in je eine der fünf Reagenzröhren, welche bereits 16 ccm Stärkelösung verschiedener Konzentration enthielten, gegeben (s. S. 304).

Die Resultate sind in Tabelle XXIII und Abb. 11 enthalten. Die Zahlen geben die relativen Konstanten, d. h. das Verhältnis zwischen der Reaktionskonstante nach der Erhitzung und ohne Erhitzung wieder.

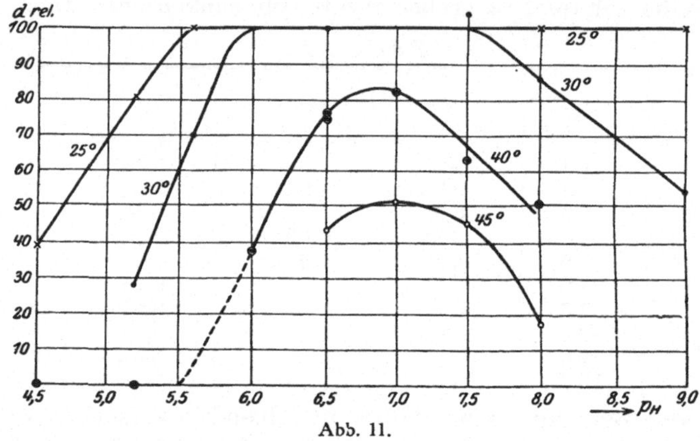

Abb. 11.

Die Erhitzung dauerte 60 Minuten. Auch hier liegt eine deutliche Verschiebung des Stabilitätsmaximums vor. Dieses liegt nach der Erhitzung bei $p_H = 6{,}5$ bis 7. Die Form der Kurven bei den beiden Reaktionen ist im allgemeinen dieselbe, doch ist zu beachten, daß die abwärtsgehenden Kurventeile auf der sauren Seite hier etwas steiler sind.

Tabelle XXIII.

Beilagen Nr.	p_H	25⁰	30⁰	35⁰	40⁰	45⁰	50⁰
127, 114	4,5	38,7	—	—	0	—	—
126, 112, 113	5,2	80,6	28,0	—	0	—	—
128, 158	5,6	100	70,0	—	—	—	—
148, 115	6,0	—	—	90,5	37,6	—	—
129	6,0	—	—	96,8	—	—	—
116, 117, 130	6,5	—	100	—	75,0	43,4	—
150	6,5	—	—	—	75,5	—	—
118, 131, 119	7,0	—	—	—	81,9	50,0	0
132, 159, 120, 133, 121	7,5	—	104	100	63,1	45,6	0
134, 122, 123, 160	8,0	100	85,6	—	50,6	18,2	—
135, 124	9,0	100	54,0	—	—	—	—

Zeichnet man die Kurven in einem System mit der Temperatur als Abszissen und die relativen Konstanten als Ordinaten (Abb. 12 und 13), so sieht man, daß diese Kurven bei fast allen Wasserstoffionenkonzentrationen dieselbe Neigung haben und sehr steil abfallen. Eine Erhöhung der Temperatur um 10^0, gerechnet von der niedrigsten, die einen schädlichen Einfluß hat, zerstört das Enzym vollständig.

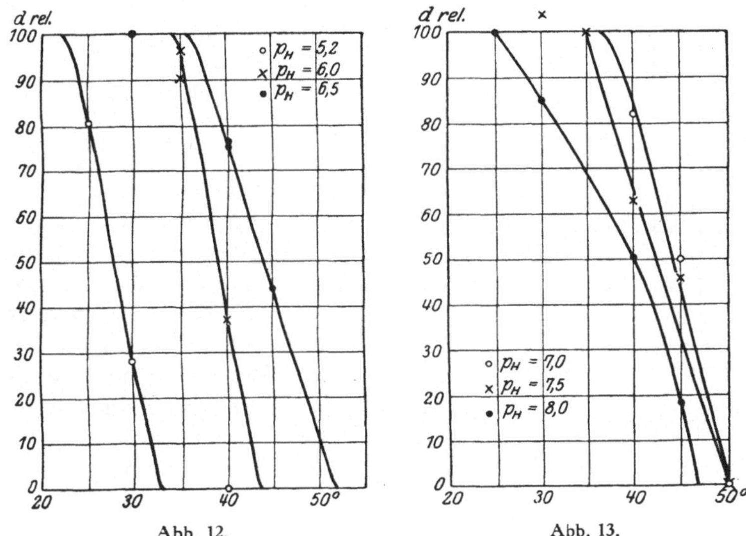

Abb. 12.   Abb. 13.

Die verschiedene Neigung, die die Kurven hier im Verhältnis zu denen bei der Verzuckerung bei z. B. $p_H = 5{,}2$ haben, dürfte aus den vorhererwähnten Gründen damit erklärt werden können, daß Zucker noch bei einer Temperatur gebildet wird, wo die Stärkespaltung nicht vollständig ist oder so langsam verläuft, daß sie mit den angewandten Methoden nicht bestimmt werden kann. Wird die „Tötungstemperatur" für $p_H = 7{,}0$ berechnet, wo die Enzymwirkung nach der Erhitzung am größten ist, erhält man ungefähr 45^0, also dieselbe Temperatur wie bei der Verzuckerung.

Auch hier ist ein Versuch ausgeführt worden, um festzustellen, einen wie großen Einfluß die Konzentrationen während der Erhitzung auf die Inaktivierung ausüben. Auf 1 ccm Enzym wurden teils wie gewöhnlich 3 ccm Phosphatlösung, teils 3 ccm Phosphatlösung und 6 ccm Wasser genommen und die Mischung 60 Minuten bei 40^0 erhitzt. $p_H = 6{,}5$. In beiden Fällen wurden exakt gleiche Werte auf d, nämlich 0,24 (Beilagen 169 und 170) erhalten. Die Konzentration des Enzyms während der Erhitzung kann also sehr variieren, ohne daß sich der Grad der Inaktivierung verändert.

d) Der zeitliche Verlauf der Inaktivierung.

Versuche betreffend die Geschwindigkeit, mit welcher die Inaktivierung vor sich geht, sind nach der Erhitzung bei 40^0 bei optimalem p_H-Wert $= 6{,}5$ und bei 30^0 bei $p_H = 5{,}2$ ausgeführt
worden (Tabelle XXIV u. XXV, Abb. 14). Die Kurven erreichen hier innerhalb der Versuchszeit keinen konstanten Wert. Be-rechnet man den Wert von k nach der Gleichung

$$k_c = \frac{1}{t} \log \frac{k_a}{k_t},$$

so wird dieser recht konstant für $p_H = 6{,}5$, ausgenommen den ersten Wert. Hier scheint die Inaktivierung also im großen und ganzen monomolekular zu verlaufen. Bei $p_H = 5{,}2$ ist der Wert von k_c mit Ausnahme des ersten auch ziemlich kon-stant, wenn auch die Überein-stimmung nicht so gut ist.

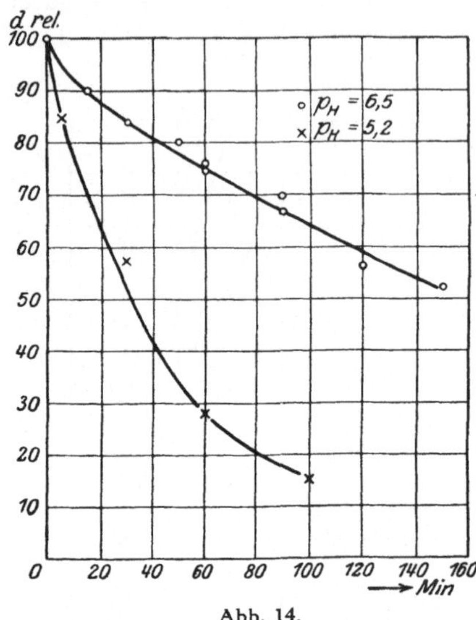

Abb. 14.

Tabelle XXIV.

$p_H = 6{,}5$.

Beilagen Nr.	Minuten	k_a	k_t	$\dfrac{k_t}{k_a} 100$	$k_c \cdot 10^4$
136, 137	15	0,30	0,27	90,0	30
152, 153	30	0,36	0,30	83,4	21
136, 138	45	0,30	0,24	80,0	25
149, 150	60	0,41	0,31	75,5	20
117	60	0,24	0,18	75,0	21
152, 154	90	0,36	0,24	66,6	20
152, 155	90	0,36	0,25	69,5	18
149, 151	120	0,41	0,23	56,1	21
152, 156	150	0,36	0,19	52,7	19

Tabelle XXV.

$p_H = 5{,}2$.

Beilagen Nr.	Minuten	k_a	k_t	$\dfrac{k_t}{k_a} 100$	$k_c \cdot 10^4$
163, 164	5	0,26	0,22	84,5	144
163, 165	30	0,26	0,15	57,6	79
111, 112	60	0,25	0,070	28,0	92
163, 166	100	0,26	0,041	15,8	80

e) Die Abhängigkeit der Inaktivierungskoeffizienten von der Temperatur.

In Tabelle XXVI sind die Werte, die nach 60 Minuten Erhitzung auf k_c bei verschiedenen Temperaturen und Wasserstoffionenkonzentrationen erhalten wurden, angegeben. Der Wert von k_c steigt besonders rasch mit steigender Temperatur. Der erste Teil der Stärkespaltung ist etwas empfindlicher gegen den Einfluß der Temperatur als das Verzuckerungsvermögen. Bereits bei 50⁰ ist die Enzymwirkung bei allen Wasserstoffionenkonzentrationen vollständig aufgehoben.

Tabelle XXVI.

Beilagen Nr.	p_H	25⁰	30⁰	35⁰	40⁰	45⁰	50⁰
126, 112, 113	5,2	0,0016	0,0092	—	∞	—	—
148, 115	6,0	—	—	0,0007	0,0071	—	—
129	6,0	—	—	0,0002	—	—	—
116, 117, 130	6,5	—	0	—	0,0021	0,0061	—
150	6,5	—	—	—	0,0020	—	—
118, 131, 119	7,0	—	—	—	0,0015	0,0050	∞
132, 159, 120, 133, 121	7,5	—	0	0	0,0033	0,0057	∞
134, 122, 123, 160	8,0	0	0,0011	—	0,0048	0,0123	—

f) Die Temperaturkoeffizienten der Inaktivierungskonstanten.

Wird der Wert von A in der *Arrhenius*schen Temperaturformel für die Inaktivierungskonstante k_c innerhalb der Temperaturgrenze 40 bis 45⁰ bei verschiedenen p_H berechnet, so erhält man die untenstehenden Werte.

Tabelle XXVII.

p_H	A
6,5	44 500
7,0	48 000
8,0	37 600

A ist hier derselben Größenordnung wie bei der Bestimmung des Verzuckerungsvermögens. Die Werte variieren etwas mit den Wasserstoffionenkonzentrationen. Bei $p_H = 7$ erreicht A seinen höchsten Wert.

g) Der Einfluß des Kochsalzes.

Wenn auch NaCl in 1proz. Lösungen keinen Einfluß auf das Verzuckerungsvermögen hat, so konnte doch ein solcher bei der Anwendung der Jodmethode beobachtet werden. Bei $p_H = 5,2$ ist bereits

ein Einfluß von 0,125 proz. NaCl deutlich, derselbe steigt dann mit
erhöhtem Natriumchloridgehalt (Tabelle XXVIII) und verhält sich
hier ebenso wie es der Fall war bei Malzamylase in inaktivierender
Richtung. In Tabelle XXIX sind die Werte, die mit 1 proz. NaCl
bei verschiedenen Wasserstoffionenkonzentrationen erhalten wurden,
angegeben. Dieser Einfluß ist sichtlich etwas abhängig von der Azidität und scheint ein Minimum bei $p_H = 7$ zu haben, demselben p_H,
wo das Enzym am stabilsten gegen Erhitzung ist.

Tabelle XXVIII.

$$p_H = 5,2.$$

Beilagen Nr.	Na Cl %	k	k, rel.	Beilagen Nr.	Na Cl %	k	k, rel.
142	0	0,42	100	145	0,500	0,34	81,0
143	0,125	0,41	97,6	146	0,750	0,32	76,1
144	0,250	0,39	93,0	147	1,00	0,29	69,0

Tabelle XXIX.

Beilagen Nr.	p_H	k ohne Na Cl	k 1 % Na´l	k, rel.
142, 147	5,2	0,42	0,29	69,0
157, 161	6,0	0,20	0,15	75,0
167	6,5	0,25	0,19	76,0
162	7,0	0,17	0,14	82,5

6. Zusammenfassung.

Vergleicht man die beiden Phasen der Stärkebildung miteinander,
so findet man eine Reihe von Verschiedenheiten in deren Verhalten
bei verschiedenen Behandlungen. War es ein und dasselbe Enzym,
welches sowohl die Stärkeverkleisterung wie die Verzuckerung kata-
lysierte, so sollte eigentlich das Verhältnis zwischen den Geschwindigkeiten der beiden Reaktionen stets dasselbe sein. Wie aus Tabelle I
ersichtlich, ist in fünf der untersuchten Präparate der Wert auf das
Verhältnis $d/k = 2$. In den zwei übrigen Fällen wurden andere Werte
erhalten. Daß in so vielen Fällen eine Übereinstimmung vorhanden
war, kann darauf beruhen, daß die Enzymlösung aus Keimpflanzen
bereitet wurde, die sich im allgemeinen im gleichen Entwicklungsstadium befanden. Die Variationen, die die einzelnen Exemplare
in der Enzymwirkung aufweisen, sind dadurch ausgeglichen worden,
daß eine große Anzahl von Pflanzen zu jeder Lösung genommen
wurde. Das Verhältnis des Verkleisterungsvermögens während der
Keimung ist nicht untersucht worden, es ist aber glaubhaft, daß dasselbe sich im allgemeinen wie das Verzuckerungsvermögen verhält,

wenn es sich auch nicht vollkommen parallel demselben entwickelt. Hierauf deuten die vorher erwähnten Arbeiten von *Chrzaszcz.* In gleichalten Keimpflanzen sollte folglich das Verhältnis zwischen Verkleisterungs- und Verzuckerungsvermögen im allgemeinen gleich sein. Daß in einigen Fällen doch ganz andere Werte auf das Verhältnis der Reaktionskonstante erreicht wurden, deutet darauf hin, daß diese beiden Reaktionen jede von ihrem speziellen Enzym katalysiert werden.

Diese beiden Enzyme haben ein Optimum der Wirkung bei gleicher Wasserstoffionenkonzentration, was auch ganz natürlich ist, da sie ständig ihre Wirkung gleichzeitig in derselben Lösung ausüben. Vollkommen übereinstimmend sind sie jedoch nicht in ihrem Verhältnis zur Azidität.

Die Temperaturkonstante A in *Arrhenius'* Formel ist für beide Enzyme von derselben Größenordnung. Im ersten Stadium der Stärkespaltung ist sie jedoch innerhalb größerer Temperaturgrenzen konstant.

Wie aus dem Vorhergehenden ersichtlich, sind die beiden Enzyme bei Abwesenheit der Schutzsubstanzen besonders empfindlich gegen Erwärmung. Für beide ändert sich die Wasserstoffionenkonzentration, wo die Wirkung am größten ist, durch Erhitzung nach der alkalischen Seite zu. Die in Abb. 2 und 10 dargestellten Kurven haben im großen und ganzen den gleichen Verlauf, aber, besonders wenn man sich nach den Wasserstoffionenkonzentrationen zu ein Stück vom Optimum entfernt, ist das Verhältnis d/k nicht mehr konstant. Auf der sauren Seite ist es kleiner als 2 und auf der alkalischen größer. Dies dürfte jedoch teilweise der verschieden guten Genauigkeit der Methoden zugeschrieben werden können. Diese kann wiederum auch die Ursache davon sein, daß die Resultate mit der Jodmethode empfindlicher für die Temperatur als die mit Reduktionsmethode erscheinen. Bei $p_H = 5,2$ erreicht man z. B. mit der Jodmethode nach einer Stunde Erhitzung auf 40⁰ keine Reaktion. Dagegen beträgt das Verzuckerungsvermögen 35% des ursprünglichen. Dies muß darauf beruhen, daß ein Teil Stärke gespalten wird, daß aber die Reaktion so langsam verläuft, daß nicht sämtliche Stärke während der Versuchszeit gespalten wird. Die Geschwindigkeit, mit welcher die Inaktivierung, veranlaßt durch die Erhitzung, vor sich geht, ist auch für beide Reaktionen verschieden. Während die Inaktivierung des Verkleisterungsvermögens im allgemeinen monomolekular verläuft, geht die Inaktivierung des Verzuckerungsvermögens im Anfang recht rasch vor sich und erreicht dann einen konstanten Wert. Die „Tötungstemperatur" ist für beide Reaktionen gleich und liegt bei 45⁰.

Das Verhältnis des Inaktivierungskoeffizienten zu Temperatur und Azidität ist abhängig von den gleichen Ursachen, wie sie für die Temperaturempfindlichkeit besprochen wurden.

Schließlich ist der Einfluß des Kochsalzes auf die beiden Reaktionen verschieden. Die Verkleisterung wird bei kleinen Mengen NaCl inaktiviert, während die Verzuckerung keine Empfindlichkeit gegen den Einfluß des Kochsalzes in 1 proz. Lösungen aufweist.

Auf Grund dieser Umstände dürfte man glauben können, daß die Verkleisterung und die Verzuckerung von verschiedenen Enzymen katalysiert werden, welche jedoch in vielen Hinsichten die gleichen Eigenschaften aufweisen. Ein Vergleich mit Malzamylase ergibt große Unterschiede, besonders in der Temperaturempfindlichkeit. Bei optimalem p_H liegt die „Tötungstemperatur" für Malzamylase etwa 10^0 höher als für Bohnenamylase.

Nachstehend folgt eine Zusammenfassung der erhaltenen Resultate:

1. Bei der Bestimmung der Bohnenamylasewirkung im Phosphatgemisch bei 40^0 wurde die Lage der optimalen Reaktion zu $p_H = 5$ gefunden. Die optimale Zone erstreckte sich für das Verzuckerungsvermögen von $p_H = 5{,}0$ bis $5{,}5$, für das Stärkeverschwinden von etwa $p_H = 4$ bis 6.

2. Die Amylase behält einen Teil ihrer Wirksamkeit noch bei 0^0 C. Für das Verzuckerungsvermögen sinkt der Wert des Temperaturkoeffizienten bei Erhöhung der Temperatur. Der Koeffizient A der *Arrhenius*schen Temperaturformel hat im Gebiet von 0 bis 20^0 einen Wert von etwa 10000, 20 bis 30^0 9400 und 30 bis 40^0 6700. Für das Stärkeverschwinden ist der Temperaturkoeffizient zwischen 20 und 40^0 ziemlich konstant. Der Wert von A ist zwischen 20 bis 30^0 9600 und 30 bis 40^0 9400.

3. Die Amylase ist im Phosphatgemisch als Puffer gegen Erhitzung am stabilsten bei $p_H = 6{,}5$ bis $7{,}0$, also in etwas mehr alkalischer Lösung als der maximalen Wirkung entspricht.

4. Die Inaktivierung der Amylase ist bei optimalem p_H nach einer 60 Minuten langen Erhitzung auf 35^0 sehr gering. Nach einer einstündigen Erhitzung auf 55^0 ist die Aktivität auf Null gesunken. Bei anderen Wasserstoffionenkonzentrationen beginnt die Inaktivierung bei niedrigeren Temperaturen und wird früher vollständig.

5. Die Inaktivierung des Verzuckerungsvermögens verläuft nicht als monomolekulare Reaktion. Die Inaktivierung geht zuerst sehr schnell vor sich, bis sie einen gewissen Wert erreicht hat, wonach die Amylasewirkung nicht mehr verändert wird. Die Inaktivierung des Stärkeverschwindens verläuft aber im großen und ganzen nach der Formel für monomolekulare Reaktionen.

6. Eine Veränderung der Enzymkonzentration während der Erhitzung auf den fünffachen Wert übt keine Einwirkung auf die Inaktivierung aus. Die Phosphatkonzentration ist auch ohne Einfluß.

7. Der Wert der *Arrhenius*schen Temperaturkonstante A für die Temperaturkoeffizienten k_c liegt im Gebiet von 35 bis 55⁰ zwischen 11000 und 80000. Er ist von der Wasserstoffionenkonzentration sehr abhängig und erreicht ein Maximum bei $p_H = 7{,}5$.

8. Die Tötungstemperatur der Amylase liegt bei optimalem p_H bei 45⁰.

9. Die Amylasewirkung ist von Kochsalz in niedrigen Konzentrationen nicht abhängig. In einer 0,25 proz. Kochsalzlösung nimmt die Wirkung ein wenig ab und wird bei höheren Konzentrationen mehr und mehr vermindert. Dies betrifft das Verschwinden der Stärkereaktion; 1 proz. Kochsalzlösung übt auf das Verzuckerungsvermögen keinen Einfluß aus.

Zum Schluß ist es mir eine angenehme Pflicht, meinem Lehrer, Herrn Prof. *H. v. Euler*, der mir sowohl die Anregung zu dieser Arbeit gegeben, als mir auch bei der Ausführung mit seinem Rat beigestanden hat, meinen ergebensten Dank auszusprechen. Auch Herrn Prof. *N. G. Lagerheim* erlaube ich mir meinen Dank abzustatten für das freundliche Entgegenkommen und die Erlaubnis, im Gewächshause des Botanischen Instituts meine Kulturen ausführen zu dürfen.

Literatur.

(Größere Arbeiten, die nicht im Text angegeben sind.)

Abderhalden, Handbuch der biochemischen Arbeitsmethoden. Berlin 1912. — *Czapek*, Biochemie der Pflanzen, I und II. Jena 1913. — *Euler*, Chemie der Enzyme, I. München 1920. Verlag von Julius Springer. — *Euler*, Pflanzenchemie, I bis III. Braunschweig 1908/09. Verlag von Friedr. Vieweg & Sohn. — *Michaelis*, Die Wasserstoffionenkonzentration. Berlin 1914 und 1922. Verlag von Julius Springer. — *Palladin*, Pflanzenphysiologie. Berlin 1911. — *Wohlgemuth*, Grundriß der Fermentmethoden. Berlin 1913. Verlag von Julius Springer. — *Ylppö*, Ph-Tabellen. Berlin 1917. Verlag von Julius Springer.

Beilagen.

$a = 80,0.$

Versuchsreihe 1.
Amylaselösung I. 2 ccm. $p_H = 5,2.$

Nr.	Vorbehandlung	Stunden	mg Maltose	k	Berechnungen
1	Reaktionstemper. 17,5°.	2	27,3	0,091	Rel. 36,1
		3	43,1	112	
		4	46,8	096	
				0,100	
2	30,0°.	1	27,3	0,181	Rel. 70,5
		2	49,5	209	
		3	59,0	194	
				0,195	
3	40,0°.	0,5	22,7	0,290	Rel. 100
		1	39,5	296	
		2	54,2	246	
				0,277	
4	47,0°.	1	36,6	0,266	Rel. 93,5
		2	57,1	272	
		3	64,7	239	
				0,259	

Versuchsreihe 2.
Amylaselösung I. 2 ccm.

Nr.	Vorbehandlung	Stunden	mg Maltose	k	Berechnungen
5	Nicht erhitzt. $p_H = 5,2.$	1	30,0	0,204	Rel. 100
		2	50,5	217	
		3	64,6	239	
				0,220	
6	60 Minuten auf 18° erhitzt. $p_H = 5,2.$	1	31,0	0,213	Rel. 109 $k_c = 0$
		2	53,3	238	
		3	67,4	268	
				0,240	
7	60 Minuten auf 35° erhitzt. $p_H = 5,2.$	1	21,8	0,136	Rel. 60,0 $k_c = 0,0037$
		.2	36,6	133	
		3	46,8	127	
				0,132	
8	60 Minuten auf 35° erhitzt. $p_H = 5,2.$	1	20,9	0,130	Rel. 59,0 $k_c = 0,0038$
		2	35,6	128	
		3	47,7	131	
				0,130	
9	60 Minuten auf 40° erhitzt. $p_H = 5,2.$	1	18,2	0,112	Rel. 49,5 $k_c = 0,0051$
		2	31,0	106	
				0,109	
10	60 Minuten auf 45° erhitzt. $p_H = 5,2.$	1	12,6	0,074	Rel. 30,9 $k_c = 0,0085$
		2,5	25,5	66	
		5	41,3	63	
				0,068	

Nr.	Vorbehandlung	Stunden	mg Maltose	k	Berechnungen
11	60 Minuten auf 50° erhitzt. $p_H = 5,2.$	1	5,4	0,030	Rel. 14,1 $k_c = 0,0142$
		2,5	14,5	35	
		5	21,8	28	
				0,031	
12	60 Minuten auf 55° erhitzt. $p_H = 5,2.$	4,5	2,5	0,0030	Rel. 1,27 $k_c = 0,0316$
		21	9,0	25	
		43	20,9	30	
				0,0028	
13	60 Minuten auf 60° erhitzt. $p_H = 5,2.$	43	0	0	Rel. 0 $k_c = \infty$
14	60 Minuten auf 35° erhitzt. $p_H = 6,0.$	1	28,2	0,189	Rel. 95,5 $k_c = 0,0003$
		2	47,7	197	
		3	58,1	187	
				0,191	
15	60 Minuten auf 40° erhitzt. $p_H = 6,0.$	1	20,0	0,125	Rel. 75,0 $k_c = 0,002$
		2	37,5	138	
		3	58,1	188	
				0,150	
16	60 Minuten auf 45° erhitzt. $p_H = 6,0.$	1	12,6	0,074	Rel. 34,5 $k_c = 0,0077$
		2,5	26,4	70	
		5	41,3	63	
				0,069	
17	60 Minuten auf 50° erhitzt. $p_H = 6,0.$	1	9,0	0,052	Rel. 25,0 $k_c = 0,0103$
		2,5	20,0	50	
		5	34,7	49	
				0,050	
18	60 Minuten auf 55° erhitzt. $p_H = 6,0.$	20,5	10,8	0,0031	Rel. 1,50 $k_c = 0,0304$
		45	20,0	28	
				0,0030	
19	60 Minuten auf 45° erhitzt. $p_H = 6,5.$	1	15,5	0,094	Rel. 55,6 $k_c = 0,0042$
		2	29,2	99	
				0,097	
20	60 Minuten auf 40° erhitzt. $p_H = 7,0.$	1	19,1	0,118	Rel. 87,0 $k_c = 0,0010$
		2	33,8	119	
		3	49,5	140	
				0,126	
21	60 Minuten auf 45° erhitzt. $p_H = 7,0.$	1	10,8	0,063	Rel. 45,5 $k_c = 0,0057$
		2	21,8	69	
				0,066	
22	60 Minuten auf 40° erhitzt. $p_H = 7,5.$	1	13,6	0,081	Rel. 67,0 $k_c = 0,0029$
		2	21,8	69	
		3	31,9	74	
				0,075	
23	60 Minuten auf 45° erhitzt. $p_H = 7,5.$	20,5	18,2	0,0055	Rel. 4,55 $k_c = 0,0224$
		45	31,0	47	
				0,0051	

Versuchsreihe 3.
Amylaselösung II. 2 ccm.

Nr.	Vorbehandlung	Stunden	mg Maltose	k	Berechnungen
24	Nicht erhitzt. $p_H = 5,2.$	1	38,5	0,285	Rel. 100
		2	51,4	223	
		3	67,0	268	
				0,259	
25	60 Minuten auf 45^0 erhitzt. $p_H = 6,0.$	1	17,3	0,106	Rel. 39,0
		2	25,5	83	$k_c = 0,0068$
		4	44,0	87	
				0,092	
26	60 Minuten auf 50^0 erhitzt. $p_H = 6,5.$	2	17,3	0,053	Rel. 26,5
		4	31,9	55	$k_c = 0,0096$
				0,054	
27	60 Minuten auf 35^0 erhitzt. $p_H = 7,0.$	1	28,2	0,189	Rel. 109
		2	49,5	209	$k_c = 0$
		3	53,4	159	
				0,186	
28	60 Minuten auf 50^0 erhitzt. $p_H = 7,0.$	4	13,5	0,020	Rel. 9,35
		7	16,4	14	$k_c = 0,0171$
		21	39,5	14	
				0,016	
29	60 Minuten auf 35^0 erhitzt. $p_H = 7,5.$	1	20,0	0,125	Rel. 94,0
		2	36,5	132	$k_c = 0,0005$
		3	44,0	116	
				0,124	

Versuchsreihe 4.
Amylaselösung III. 1 ccm.

Nr.	Vorbehandlung	Stunden	mg Maltose	k	Berechnungen
30	Nicht erhitzt. $p_H = 5,2.$	$1\frac{1}{4}$	20,0	0,100	Rel. 100
		2	31,0	106	
				0,103	
31	30 Minuten auf 40^0 erhitzt. $p_H = 5,2.$	1	6,3	0,036	Rel. 35,0
		2	11,7	34	
		4	22,8	37	
				0,036	
32	30 Minuten auf 40^0 erhitzt. $p_H = 6,0.$	1	9,0	0,052	Rel. 53,2
		2	16,4	50	
		4	28,2	47	
				0,050	
33	60 Minuten auf 55^0 erhitzt. $p_H = 6,5.$	22	6,3	**0,0016**	Rel. 1,98
		44	12,0	16	$k_c = 0,0284$
				0,0016	
34	60 Minuten auf 40^0 erhitzt. $p_H = 8,0.$	22	19,1	**0,0054**	Rel. 15,0
		52	38,0	54	$k_c = 0,0137$
				0,0054	

Versuchsreihe 5.
Amylaselösung III. 2 ccm.

Nr.	Vorbehandlung	Stunden	mg Maltose	k	Berechnungen
35	Nicht erhitzt. $p_H = 5,2.$	1	35,5	0,27	Rel. 100
		2	52,4	23	
		3	59,0	19	
				0,23	
36	15 Minuten auf 40^0 erhitzt. $p_H = 5,2.$	1	13,6	0,081	Rel. 35,6
		2	23,7	76	
		3	36,5	88	
				0,082	
37	30 Minuten auf 40^0 erhitzt. $p_H = 5,2.$	1	13,6	0,081	Rel. 30,8
		2	20,9	65	
		3	29,1	66	
				0,071	
38	30 Minuten auf 40^0 erhitzt. $p_H = 5,2.$	1	13,6	0,081	Rel. 34,0
		2	23,7	76	
		3	32,8	76	
				0,078	
39	120 Minuten auf 40^0 erhitzt. $p_H = 5,2.$	2	26,4	0,087	Rel. 34,3
		3	35,6	85	
		7	52,4	66	
				0,079	
40	60 Minuten auf 35^0 erhitzt. $p_H = 8,0.$	2	16,4	0,050	Rel. 64,1
		3	24,6	53	$k_c = 0,0031$
				0,052	
40 a	Reaktionstemper. $0,50^0.$ $p_H = 5,2.$	1	5,4	0,029	Rel. 12,2
		2,5	13,6	32	
		5	18,2	22	
				0,028	

Versuchsreihe 6.
Amylaselösung III. 2 ccm.

Nr.	Vorbehandlung	Stunden	mg Maltose	k	Berechnungen
41	Nicht erhitzt. $p_H = 5,2.$	1	29,2	0,197	Rel. 100
		2	39,3	147	
		3	44,0	115	
				0,153	
42	60 Minuten auf 40^0 erhitzt. $p_H = 5,2.$	1	11,7	0,068	Rel. 41,8
		2	21,8	69	
		3	25,3	55	
				0,064	
43	60 Minuten auf 40^0 erhitzt. $p_H = 5,2.$ 5 ccm Phosphatlösung.	1	11,7	0,068	Rel. 41,8
		2	20,9	65	
		3	27,3	60	
				0,064	

Nr.	Vorbehandlung	Stunden	mg Maltose	k	Berechnungen
	Versuchsreihe 7. Amylaselösung V. 1 ccm.				
44	Nicht erhitzt. $p_H = 5,2$.	0,5 1 2	23,9 38,5 64,0	0,31 28 35	Rel. 100
				0,31	
45	60 Minuten auf 40° erhitzt. $p_H = 6,5$.	0,5 1 2	15,3 31,5 50,1	0,184 208 214	Rel, 82,5 $k_c = 0,0014$
				0,202	
	Versuchsreihe 8. Amylaselösung V. 1 ccm.				
46	Nicht erhitzt. $p_H = 5,2$.	0,5 1 2	20,1 39,5 62,0	0,25 30 32	Rel. 100
				0,29	
47	60 Minuten auf 19° erhitzt. $p_H = 5,2$.	0,5 1 2	18,1 32,5 55,7	0,224 227 259	Rel. 81,6 $k_c = 0,0014$
				0,237	
48	60 Minuten auf 30° erhitzt. $p_H = 5,2$.	1 2 3	22,0 40,4 59,4	0,140 153 196	Rel. 56,2 $k_c = 0,0042$
				0,163	
49	60 Minuten auf 35° erhitzt. $p_H = 5,2$.	1 2 3	18,1 35,5 49,1	0,112 127 147	Rel. 44,5 $k_c = 0,0059$
				0,129	
50	60 Minuten auf 40° erhitzt. $p_H = 5,2$.	1 2 3	16,2 33,5 38,5	0,098 118 95	Rel. 35,9 $k_c = 0,0075$
				0,104	
51	60 Minuten auf 45° erhitzt. $p_H = 5,2$	1 2 3	15,3 25,8 35,5	0,092 84 83	Rel. 29,6 $k_c = 0,0088$
				0,086	
52	5 Minuten auf 40° erhitzt. $p_H = 5,2$.	0,5 1 2 23	10,5 22,0 45,4 78,7	0,122 140 182 —	Rel. 51,0
				0,148	
53	10 Minuten auf 40° erhitzt. $p_H = 5,2$.	0,5 1 2	9,5 20,1 35,5	0,110 126 127	Rel. 41,7
				0,121	

Nr.	Vorbehandlung	Stunden	mg Maltose	k	Berechnungen
54	15 Minuten auf 40° erhitzt. $p_H = 6,0$.	0,5 1 2	13,3 21,0 42,3	0,158 132 163	Rel. 58,0
				0,151	
	Versuchsreihe 9. Amylaselösung V. 1 ccm.				
55	Nicht erhitzt. $p_H = 6,0$.	0,5 1 2	19,1 36,5 59,0	0,236 264 290	Rel. 100
				0,260	
56	5 Minuten auf 40° erhitzt. $p_H = 6,0$.	0,5 1 2	13,3 26,7 48,2	0,158 176 200	Rel. 68,5
				0,178	
57	10 Minuten auf 40° erhitzt. $p_H = 6,0$.	0,5 1 2	11,4 23,9 39,5	0,132 153 148	Rel. 55,4
				0,144	
58	30 Minuten auf 40° erhitzt. $p_H = 6,0$.	1 2	19,1 39,5	0,118 148	Rel. 51,1
				0,133	
59	60 Minuten auf 40° erhitzt. $p_H = 6,0$.	0,5 1 2 4	9,5 18,1 36,5 60,1	0,110 112 132 151	Rel. 48,5 $k_c = 0,0052$
				0,126	
60	120 Minuten auf 40° erhitzt. $p_H = 6,0$.	0,5 1	9,5 22,0	0,110 140	Rel. 48,0
				0,125	
61	60 Minuten auf 30° erhitzt. $p_H = 5,2$.	0,5 1 2	11,4 25,8 44,3	0,132 168 175	Rel. 55,8 $k_c = 0,0043$
				0,158	
	Versuchsreihe 10. Amylaselösung VI. 1 ccm.				
62	Nicht erhitzt. $p_H = 6,5$.	0,5 1 2	18,1 29,6 49,1	0,224 201 206	Rel. 100
				0,210	
63	Nicht erhitzt. 0,25°/₀ Na Cl. $p_H = 6,5$.	0,5 1 2	18,1 29,6 48,2	0,224 201 201	Rel. 99,5
				0,209	

Versuchsreihe 11.
Amylaselösung VI. 1 ccm.

Nr.	Vorbehandlung	Stunden	mg Maltose	k	Berechnungen
64	Nicht erhitzt. $p_H = 5,2.$	0,5 1 2	16,3 29,6 52,2	0,198 201 229 0,209	Rel. 100
65	60 Minuten auf 30° erhitzt. $p_H = 6,0.$	0,5 1 2	16,3 29,6 44,3	0,198 201 175 0,191	Rel. 100 $k_c = 0$
66	90 Minuten auf 40° erhitzt. $p_H = 6,0.$	0,5 1 3	7,5 15,3 43,3	0,084 92 113 0,096	Rel. 50,5
67	105 Minuten auf 40° erhitzt. $p_H = 6,0.$	0,5 1 1,5	8,5 16,2 26,7	0,096 98 88 0,094	Rel. 49,5
68	Nicht erhitzt. $p_H = 6,5.$	0,5 1 2	14,3 23,9 43,3	0,172 158 169 0,166	Rel. 100
69	Nicht erhitzt. 0,75% Na Cl. $p_H = 6,5.$	0,5 1 1,5	15,3 23,9 31,5	0,184 158 145 0,162	Rel. 97,6
70	Nicht erhitzt. 1% Na Cl. $p_H = 6,5.$	1 2 3	23,9 41,4 59,0	0,154 158 193 0,168	Rel. 101

Versuchsreihe 12.
Amylaselösung VI. 1 ccm.

Nr.	Vorbehandlung	Stunden	mg Maltose	k	Berechnungen
71	Nicht erhitzt. $p_H = 5,2.$	0,5 1 2	9,5 19,1 33,5	0,110 118 118 0,115	Rel. 100
72	60 Minuten auf 35° erhitzt. $p_H = 6,0.$	1 2 3	14,3 22,9 31,5	0,085 73 72 0,077	Rel. 73,4 $k_c = 0,0022$
73	60 Minuten auf 30° erhitzt. $p_H = 8,0.$	2 3,5 6,5	16,2 20,1 32,5	0,049 36 35 0,040	Rel. 100 $k_c = 0$

Versuchsreihe 13.
Amylaselösung VII. 2 ccm.

Nr.	Vorbehandlung	Stunden	mg Maltose	k	Berechnungen
74	Nicht erhitzt. $p_H = 5,2.$	2 3,5 5	27,6 45,4 58,1	0,092 104 112 0,103	Rel. 100
75	Nicht erhitzt. 1% Na Cl. $p_H = 5,2.$	2 3,5 5	31,5 46,4 58,1	0,109 108 112 0,110	Rel. 107
76	Nicht erhitzt. 1% Na Cl. $p_H = 6,0.$	2 3,5 5	25,0 43,3 53,1	0,081 97 95 0,091	Rel. 96,9
77	Nicht erhitzt. 1% Na Cl. $p_H = 7,0.$	1 2 3,5	10,5 22,9 35,5	0,061 73 73 0,069	Rel. 101

Versuchsreihe 14.
Amylaselösung IX. 0,5 ccm.

Nr.	Vorbehandlung	Stunden	mg Maltose	k	Berechnungen
78	Nicht erhitzt. $p_H = 6,5.$	1 2 3	24,9 41,4 58,1	0,162 158 187 0,172	Rel. 100
79	30 Minuten auf 40° erhitzt. $p_H = 6,5.$	1 2 3	19,1 35,5 50,1	0,119 127 142 0,129	Rel. 75,0 $k_c = 0,0041$
80	60 Minuten auf 40° erhitzt. $p_H = 6,5.$	2 2,5 3	31,5 38,5 45,4	0,109 114 121 0,115	Rel. 66,9 $k_c = 0,0029$
81	100 Minuten auf 40° erhitzt. $p_H = 6,5.$	0,5 1 2	10,5 15,3 26,7	0,122 92 88 0,101	Rel. 58.7 $k_c = 0,0023$
82	150 Minuten auf 40° erhitzt. $p_H = 6,5.$	0,5 1 2	6,5 14,3 28,6	0,074 86 96 0,085	Rel. 49,5 $k_c = 0,0020$
83	60 Minuten auf 40° erhitzt. 5 ccm Phosphatlösung. $p_H = 6,5.$	1,5 2 3	26,7 35,5 45,4	0,118 128 121 0,122	—

Nr.	Vorbehandlung	Stunden	mg Maltose	k	Berechnungen
84	60 Minuten auf 40⁰ erhitzt. 2,5 ccm Phosphatlösung. $p_H = 6,5.$	1,5	28,6	0,129	—
		2	36,5	132	
		3	45,4	121	
				0,127	
85	60 Minuten auf 40⁰ erhitzt. 1 ccm Phosphatlösung. $p_H = 6,5.$	0,5	9,5	0,110	—
		1	17,2	106	
		1,5	28,6	129	
				0,115	
86	60 Minuten auf 40⁰ erhitzt. Ohne Phosphatlösung. $p_H = 5,2.$	0,5	14,3	0,172	—
		1	32,5	226	
		2	49,1	206	
				0,201	

Versuchsreihe 15.
Amylaselösung X. 1 ccm.

Nr.	Vorbehandlung	Stunden	mg Maltose	k	Berechnungen
87	60 Minuten auf 40⁰ erhitzt. 5 ccm Phosphatlösung. $p_H = 6,0.$	1	7,5	0,043	—
		2	11,4	33	
		3	17,2	35	
		4	25,8	42	
				0,038	
88	60 Minuten auf 40⁰ erhitzt. 10 ccm Phosphatlösung. $p_H = 6,0.$	2	12,4	0,036	—
		3	15,3	31	
		4	20,1	32	
				0,033	
89	60 Minuten auf 40⁰ erhitzt. 10 ccm Phosphatlösung + 10 ccm Wasser. $p_H = 6,0.$	2	12,4	0,036	—
		3	18,2	37	
		4	26,7	44	
				0,039	

Versuchsreihe 16.
Amylaselösung XI. 1 ccm.

Nr.	Vorbehandlung	Stunden	mg Maltose	k	Berechnungen
90	60 Minuten auf 40⁰ erhitzt. 10 ccm Phosphatlösung. $p_H = 5,2.$	0,5	9,5	0,110	—
		1	17,2	105	
		2	28,6	99	
				0,105	
91	60 Minuten auf 40⁰ erhitzt. 10 ccm Phosphatlösung + 15 ccm Wasser. $p_H = 5,2.$	0,5	9,5	0,110	—
		1	17,2	105	
		2	27,7	92	
				0,102	

Versuchsreihe 17.
Amylaselösung III. 2 ccm.

Nr.	Vorbehandlung	Stunden	mg Maltose	k	Berechnungen
92	Nicht erhitzt. $p_H = 4,5.$	1	45,0	0,36	Rel. 81,0
		2	59,9	30	
		3	64,6	24	
				0,30	

Nr.	Vorbehandlung	Stunden	mg Maltose	k	Berechnungen
93	$p_H = 5,2.$	1	51,4	0,45	Rel. 100
		2	62,7	33	
		3	72,3	34	
				0,37	
94	$p_H = 5,4.$	1	50,5	0,43	Rel. 100
		2	60,9	31	
				0,37	
95	$p_H = 6,0.$	1	47,7	0,39	Rel. 92,0
		2	58,1	28	
				0,34	
96	$p_H = 6,5.$	1	46,8	0,38	Rel. 78,5
		2	57,1	27	
		3	60,9	21	
				0,29	
97	$p_H = 7,0.$	1	40,4	0,31	Rel. 67,5
		2	56,2	26	
		3	58,2	19	
				0,25	
98	$p_H = 7,5.$	1	35,6	0,26	Rel. 54,0
		2	48,6	20	
		3	52,5	15	
				0,20	
99	$p_H = 8,0.$	1	24,6	0,16	Rel. 37,8
		2	39,5	15	
		3	45,9	12	
				0,14	

Versuchsreihe 18.
Amylaselösung IV. 1 ccm.

Nr.	Vorbehandlung	Minuten	ccm Stärkelös. in limes	d	Berechnungen
100	Nicht erhitzt. $p_H = 5,2.$	10	4,0	0,40	Rel. 103
		15	5,0	33	
		20	6,0	30	
		25	9,0	36	
				0,35	
101	$p_H = 5,6.$	10	3,0	0,30	Rel. 94,0
		15	4,5	30	
		20	7,0	35	
				0,32	
102	$p_H = 6,0.$	10	3,5	0,35	Rel. 100
		15	5,0	33	
		20	7,0	35	
				0,34	
103	$p_H = 6,5.$	10	3,5	0,35	Rel. 97,0
		15	4,5	30	
		20	7,0	35	
				0,33	

Versuchsreihe 19.
Amylaselösung IV. 1 ccm.

Nr.	Vorbehandlung	Minuten	ccm Stärkelös. in limes	d	Berechnungen
104	Nicht erhitzt. $p_H = 4,5$.	10	2,5	0,25	Rel. 100
		15	4,5	30	
		20	6,0	30	
		30	9,5	32	
				0,29	
105	$p_H = 5,6$.	10	2,0	0,20	Rel. 96,5
		15	4,0	27	
		20	6,0	30	
		30	10,0	33	
				0,28	
106	$p_H = 7,0$.	10	2,0	0,20	Rel. 86,2
		15	3,5	23	
		20	5,5	28	
		30	9,0	30	
				0,25	
107	$p_H = 7,5$.	20	4,0	0,20	Rel. 76,0
		30	7,0	23	
				0,22	
108	$p_H = 8,0$.	20	2,5	0,13	Rel. 51,7
		30	4,0	13	
		40	7,0	18	
				0,15	
109	$p_H = 9,0$.	30	2,0	0,067	Rel. 25,8
		40	3,0	75	
		60	5,0	83	
				0,075	
110	$p_H = 10,0$.	1000	0	0	Rel. 0

Versuchsreihe 20.
Amylaselösung IV. 1 ccm.

Nr.	Vorbehandlung	Minuten	ccm Stärkelös. in limes	d	Berechnungen
111	Nicht erhitzt. $p_H = 5,2$.	10	2,0	0,20	Rel. 100
		15	4,0	27	
		20	5,0	25	
		30	8,0	27	
				0,25	
112	60 Minuten auf 30° erhitzt. $p_H = 5,2$.	30	2,0	0,067	Rel. 28,0 $k_c = 0,0092$
		40	3,0	75	
		60	4,0	67	
				0,070	
113	60 Minuten auf 40° erhitzt. $p_H = 5,2$.	180	0	0	Rel. 0 $k_c = \infty$
114	60 Minuten auf 40° erhitzt. $p_H = 4,5$	180	0	0	Rel. 0 $k_c = \infty$
115	60 Minuten auf 40° erhitzt. $p_H = 6,0$.	30	2,5	0,083	Rel. 37,6 $k_c = 0,0071$
		40	4,0	100	
		60	6,0	100	
				0,094	

Nr.	Vorbehandlung	Minuten	ccm Stärkelös. in limes	d	Berechnungen
116	60 Minuten auf 30° erhitzt. $p_H = 6,5$.	10	2,0	0,20	Rel. 100 $k_c = 0$
		15	4,0	27	
		20	4,5	23	
		30	8,0	27	
				0,24	
117	60 Minuten auf 40° erhitzt. $p_H = 6,5$.	15	2,0	0,13	Rel. 75,0 $k_c = 0,0021$
		20	4,0	20	
		25	5,0	20	
		30	6,0	20	
				0,18	
118	60 Minuten auf 40° erhitzt. $p_H = 7,0$.	15	2,0	0,13	Rel. 81,9 $k_c = 0,0015$
		20	4,0	20	
		25	5,0	20	
		30	6,0	20	
				0,18	
119	60 Minuten auf 50° erhitzt. $p_H = 7,0$.	1200	0	0	Rel. 0 $k_c = \infty$
120	60 Minuten auf 40° erhitzt. $p_H = 7,5$.	20	2,0	0,10	Rel. 63,1 $k_c = 0,0033$
		30	3,5	12	
		40	4,5	11	
		60	7,5	13	
				0,12	
121	60 Minuten auf 50° erhitzt. $p_H = 7,5$.	120	0	0	Rel. 0 $k_c = \infty$
122	60 Minuten auf 30° erhitzt. $p_H = 8,0$.	30	3,0	0,10	Rel. 85,6 $k_c = 0,0011$
		40	5,0	13	
		60	7,5	13	
				0,12	
123	60 Minuten auf 40° erhitzt. $p_H = 8,0$.	30	2,0	0,067	Rel. 50,6 $k_c = 0,0048$
		40	2,5	63	
		60	4,5	75	
		90	7,0	78	
				0,071	
124	60 Minuten auf 30° erhitzt. $p_H = 9,0$.	80	2,5	0,031	Rel. 54,0
		120	4,0	33	
		180	7,0	39	
				0,034	

Versuchsreihe 21.
Amylaselösung V. 1 ccm.

Nr.	Vorbehandlung	Minuten	ccm Stärkelös. in limes	d	Berechnungen
125	Nicht erhitzt. $p_H = 5,2$.	10	6,0	0,60	Rel. 100
		15	9,5	63	
				0,62	
126	60 Minuten auf 25° erhitzt. $p_H = 5,2$.	10	5,0	0,50	Rel. 80,6 $k_c = 0,0016$
		15	8,0	53	
		20	9,5	48	
				0,50	

Nr.	Vorbehandlung	Minuten	ccm Stärkelös. in limes	d	Berechnungen
127	60 Minuten auf 25° erhitzt. $p_H = 4,5$.	15	4,0	0,27	Rel. 38,7
		20	5,0	25	
		30	6,5	22	
		40	9,0	23	
				0,24	
128	60 Minuten auf 25° erhitzt. $p_H = 5,6$.	10	6,0	0,60	Rel. 100
		15	9,5	63	$k_c = 0$
				0,62	
129	60 Minuten auf 35° erhitzt. $p_H = 6,0$.	10	6,0	0,60	Rel. 96,8
		15	9,0	60	$k_c = 0,0002$
				0,60	
130	60 Minuten auf 45° erhitzt. $p_H = 6,5$.	10	2,0	0,20	Rel. 43,4
		15	4,0	27	$k_c = 0,0061$
		20	5,0	25	
		30	9,5	32	
				0,26	
131	60 Minuten auf 45° erhitzt. $p_H = 7,0$.	10	2,0	0,20	Rel. 50,0
		15	4,0	27	$k_c = 0,0050$
		20	6,0	30	
		25	8,0	32	
				0,27	
132	60 Minuten auf 30° erhitzt. $p_H = 7,5$.	10	4,5	0,45	Rel. 104
		15	7,5	50	$k_c = 0$
		20	9,5	48	
				0,48	
133	60 Minuten auf 45° erhitzt. $p_H = 7,5$.	20	3,5	0,18	Rel. 45,6
		30	7,0	23	$k_c = 0,0057$
		40	9,0	23	
				0,21	
134	60 Minuten auf 25° erhitzt. $p_H = 8,0$.	15	5,0	0,33	Rel. 100
		20	7,5	38	$k_c = 0$
		25	9,0	36	
				0,35	
135	60 Minuten auf 25° erhitzt. $p_H = 9,0$.	15	2,0	0,13	Rel. 100
		20	3,0	15	$k_c = 0$
		30	5,0	17	
		40	7,0	18	
				0,16	

Versuchsreihe 22.
Amylaselösung V. 0,5 ccm.

Nr.	Vorbehandlung	Minuten	ccm Stärkelös. in limes	d	Berechnungen
136	Nicht erhitzt. $p_H = 6,5$.	10	3,0	0,30	Rel. 100
		15	4,5	30	
		20	6,0	30	
				0,30	
137	15 Minuten auf 40° erhitzt. $p_H = 6,5$.	15	4,0	0,27	Rel. 90,0
		20	5,5	28	$k_c = 0,0030$
		30	7,5	25	
				0,27	

Nr.	Vorbehandlung	Minuten	ccm Stärkelös. in limes	d	Berechnungen
138	45 Minuten auf 40° erhitzt. $p_H = 6,5$.	15	3,5	0,23	Rel. 80,0
		20	4,5	23	$k_c = 0,0025$
		30	7,5	25	
		40	9,0	23	
				0,24	

Versuchsreihe 23.
Amylaselösung V. 1 ccm.

Nr.	Vorbehandlung	Minuten	ccm Stärkelös. in limes	d	Berechnungen
139	Reaktionstemper. 20,5°. $p_H = 5,6$.	15	2,0	0,13	Rel. 36,6
		20	3,0	15	
		30	5,0	17	
		40	6,0	15	
				0,15	
140	30,0°. $p_H = 5,6$.	10	2,0	0,20	Rel. 61,0
		15	4,0	27	
		20	5,5	28	
				0,25	
141	40,0°. $p_H = 5,6$.	5	2,0	0,40	Rel. 100
		10	4,0	40	
		15	6,0	40	
		20	9,0	45	
				0,41	

Versuchsreihe 24.
Amylaselösung VI. 1 ccm.

Nr.	Vorbehandlung	Minuten	ccm Stärkelös. in limes	d	Berechnungen
142	Nicht erhitzt. $p_H = 5,2$.	10	4,0	0,40	Rel. 100
		15	6,0	40	
		20	9,0	45	
				0,42	
143	0,125 % Na Cl. $p_H = 5,2$.	10	4,0	0,40	Rel. 97,6
		15	5,5	37	
		20	9,0	45	
				0,41	
144	0,25 % Na Cl. $p_H = 5,2$.	10	3,5	0,35	Rel. 93,0
		15	6,0	40	
		20	8,5	43	
				0,39	
145	0,50 % Na Cl. $p_H = 5,2$.	10	3,0	0,30	Rel. 81,0
		15	3,5	23	
		20	7,5	38	
				0,34	
146	0,75 % Na Cl. $p_H = 5,2$.	10	3,0	0,30	Rel. 76,1
		15	5,0	33	
		20	6,5	33	
				0,32	

Nr.	Vorbehandlung	Minuten	ccm Stärkelös. in limes	d	Berechnungen
147	$1,00\%$ Na Cl. $p_H = 5,2$.	10	2,5	0,25	Rel .69,0
		15	4,0	27	
		20	6,0	30	
		30	9,5	32	
				0,29	
148	60 Minuten auf 35° erhitzt. $p_H = 6,0$.	10	4,0	0,40	Rel. 90,5
		15	5,5	38	$k_c = 0,0007$
		20	7,0	35	
				0,38	
149	Nicht erhitzt. $p_H = 6,5$.	10	4,0	0,40	Rel. 100
		15	6,0	40	
		20	8,5	43	
				0,41	
150	60 Minuten auf 40° erhitzt. $p_H = 6,5$.	10	3,0	0,30	Rel. 75,5
		15	4,5	30	$k_c = 0,0020$
		20	6,5	33	
		30	9,5	32	
				0,31	
151	120 Minuten auf 40° erhitzt. $p_H = 6,5$.	10	2,0	0,20	Rel. 56,1
		15	3,5	23	$k_c = 0,0021$
		20	5,0	25	
		25	6,0	24	
				0,23	

Versuchsreihe 25.
Amylaselösung VI.   1 ccm.

Nr.	Vorbehandlung	Minuten	ccm Stärkelös. in limes	d	Berechnungen
152	Nicht erhitzt. $p_H = 6,5$.	10	3,5	0,35	Rel. 100
		15	5,5	37	
		20	7,0	35	
		25	9,5	38	
				0,36	
153	30 Minuten auf 40° erhitzt. $p_H = 6,5$.	10	2,5	0,25	Rel. 83,4
		15	4,5	30	$k_c = 0,0021$
		20	7,0	25	
				0,30	
154	90 Minuten auf 40° erhitzt. $p_H = 6,5$.	10	2,0	0,20	Rel. 66,6
		15	4,0	27	$k_c = 0,0020$
		20	5,0	25	
		30	7,0	23	
				0,24	
155	90 Minuten auf 40° erhitzt. $p_H = 6,5$.	10	2,5	0,25	Rel. 69,5
		15	4,0	27	$k_c = 0,0018$
		20	5,0	25	
		30	7,0	23	
				0,25	

Nr.	Vorbehandlung	Minuten	ccm Stärkelös. in limes	d	Berechnungen
156	150 Minuten auf 40° erhitzt, $p_H = 6,5$.	15	3,0	0,20	Rel. 52,7
		20	3,5	18	$k_c = 0,0019$
		30	5,5	18	
				0,19	

Versuchsreihe 26.
Amylaselösung VIII.   1 ccm.

Nr.	Vorbehandlung	Minuten	ccm Stärkelös. in limes	d	Berechnungen
157	Nicht erhitzt. $p_H = 5,6$.	15	2,0	0,13	Rel. 100
		20	4,0	20	
		25	5,5	22	
		30	7,0	23	
				0,20	
158	60 Minuten auf 30° erhitzt. $p_H = 5,6$.	20	2,5	0,13	Rel. 70,0
		25	3,5	14	
		30	4,5	15	
				0,14	
159	60 Minuten auf 35° erhitzt. $p_H = 7,5$.	20	2,5	0,13	Rel. 100
		25	4,0	16	$k_c = 0$
		30	5,0	17	
				0,15	
160	60 Minuten auf 45° erhitzt. $p_H = 8,0$.	120	2,0	0,017	Rel. 18,2
		150	3,0	20	$k_c = 0,0123$
		180	4,0	22	
				0,020	
161	Nicht erhitzt. $1,00\%$ Na Cl. $p_H = 6,0$.	20	3,0	0,15	Rel. 75,0
		25	3,5	14	
		30	4,5	15	
		40	6,5	16	
				0,15	
162	$1,00\%$ Na Cl. $p_H = 7,0$.	20	2,0	0,10	Rel. 82,5
		25	3,5	14	
		35	5,0	14	
		50	8,5	17	
				0,14	

Versuchsreihe 27.
Amylaselösung IX.   0,5 ccm.

Nr.	Vorbehandlung	Minuten	ccm Stärkelös. in limes	d	Berechnungen
163	Nicht erhitzt. $p_H = 5,2$.	10	2,0	0,20	Rel. 100
		15	4,0	27	
		20	5,5	28	
		30	8,0	27	
				0,26	

Nr.	Vorbehandlung	Minuten	ccm Stärkelös. in limes	d	Berechnungen
164	5 Minuten auf 30⁰ erhitzt. $p_H = 5,2$.	15	3,0	0,20	Rel. 84,5
		20	4,0	20	$k_c = 0,0144$
		30	7,5	25	
				0,22	
165	30 Minuten auf 30⁰ erhitzt. $p_H = 5,2$.	15	2,0	0,13	Rel. 57,6
		20	3,0	15	$k_c = 0,0079$
		35	6,0	17	
				0,15	
166	100 Minuten auf 30⁰ erhitzt. $p_H = 5,2$.	40	1,5	0,038	Rel. 15,8
		45	2,0	44	$k_c = 0,0080$
		60	2,5	41	
				0,041	
167	Nicht erhitzt. 1,00 % Na Cl. $p_H = 6,5$.	15	2,5	0,17	Rel. 76,0
		20	3,5	18	
		30	7,0	23	
				0,19	

Nr.	Vorbehandlung	Minuten	ccm Stärkelös. in limes	d	Berechnungen
	Versuchsreihe 28. Amylaselösung XI. 1 ccm.				
168	Nicht erhitzt. $p_H = 5,2$.	10	3,0	0,30	Rel. 100
		15	4,0	27	
		20	6,0	30	
		25	8,0	32	
				0,30	
169	60 Minuten auf 40⁰ erhitzt. $p_H = 6,5$.	10	2,0	0,20	—
		15	3,5	23	
		20	5,5	28	
		25	6,0	24	
				0,24	
170	60 Minuten auf 40⁰ erhitzt. 3 ccm. Phosphatlösung+ 6 ccm Wasser.	10	2,0	0,20	—
		15	3,5	23	
		20	5,5	28	
		25	6,0	24	
				0,24	